成生辉 著

揭秘
AI
对话

从 **ChatGPT**
到 **DeepSeek**

中国大百科全书出版社

图书在版编目（CIP）数据

揭秘 AI 对话：从 ChatGPT 到 DeepSeek / 成生辉著 . --
北京：中国大百科全书出版社，2025.4. -- ISBN 978
-7-5202-1894-8

Ⅰ . TP18

中国国家版本馆 CIP 数据核字第 2025JT6445 号

出 版 人	刘祚臣
策 划 人	程广媛
责任编辑	何　欢
联合编辑	唐一丹
责任校对	康丽利
责任印制	魏　婷
封面设计	付　莉
排版设计	博越创想
出版发行	中国大百科全书出版社
地　　址	北京市西城区阜成门北大街 17 号
邮　　编	100037
电　　话	010-88390603
网　　址	http://www.ecph.com.cn
印　　刷	北京瑞禾彩色印刷有限公司
开　　本	880 毫米 ×1230 毫米　1/32
印　　张	7.875
字　　数	158 千字
版　　次	2025 年 4 月第 1 版
印　　次	2025 年 4 月第 1 次印刷
书　　号	ISBN 978-7-5202-1894-8
定　　价	68.00 元

　　近年来，随着人工智能技术的飞速发展，智能对话领域迎来了一场引人瞩目的革命。在这场革命中，ChatGPT 和 DeepSeek 横空出世。它们不仅让智能对话变得简单、快速、准确，还能生成有感情的语言，摇身变为人们工作和生活里的全能大管家。

　　作为全球 AI 对话领域的"双星系统"，ChatGPT 以其强大的语言理解能力持续引领技术前沿，DeepSeek 则凭借对中文语境的深度优化，在智能客服、教育辅助等领域展现出惊人的创造力。它们如同数字世界的两位天才语言学家，一位是精通全球文化的跨国学者，一位是深谙本土智慧的东方智者，共同构建着人机交互的全新可能。

　　ChatGPT 和 DeepSeek 构筑了一个智能对话的魔法世界！在这里，没有飞天扫帚和魔杖，却有悄悄赋予机器智慧的代码和算法，让 ChatGPT 和 DeepSeek

*　本书得到了国家自然科学基金 No.62302399 的资助。

能像老朋友一样和我们聊天，甚至写诗作文。你可能会好奇："它们真的那么神奇吗？能帮我干些什么？"事实上，这对明星组合比你想象得还要能干得多。本书将带你踏上一段三重探索之旅，让智能对话技术在你面前摊开"剧本"，从技术细节到现实应用，再到创造实践，为你呈现一场 AI 盛宴。

1. 技术解码：小小 AI，大大智慧

拿着"显微镜"走进智能对话的世界，看看 ChatGPT 和 DeepSeek 究竟如何识别语音、理解方言，甚至精准捕捉到爆款流行语背后的情感内核。你将了解到，原来它们不只是在胡乱猜测，而是通过基于海量数据的训练，学会了从上下文和语境中提炼关键信息。

2. 场景革命：AI 的百变舞台

你会惊讶地发现，原来智能对话技术的触角早已伸向各行各业。

- 在医疗领域，它能帮助医生分析病历、解读诊断报告；
- 在太空探索中，它能为宇航员定制太空任务备忘录；
- 在社交娱乐中，它能写段子、讲笑话，陪你演绎脑洞大开的故事；等等。

这些看似天马行空的应用，正在悄然改变着我们的日常生活，让未来充满无限可能。

3. 创造实践：与 AI 结伴的脑洞大开

如果你觉得自己只是一名围观群众，那么接下来可要小心了。因为这段旅程会让你分分钟变成 AI 训练师。

- 只需给出 3 个关键词，DeepSeek 就能为你编写一篇创意满满的科幻短文；
- 让 ChatGPT 扮演一次韵律大师，挑战创作一段行云流水的古风诗词；
- 调整几个看似不起眼的参数，见证 AI 在学术导师和创意伙伴模式之间的无缝切换。

通过这些有趣的体验，你会发现原来 AI 的能力不仅仅在于回答问题，更在于与我们共同激发灵感、迸发创新。

当然，这些应用仅仅是开始。越了解它们，你就越能感受到技术世界的浩瀚和精彩。更重要的是，希望你在读完本书后，能够站在更加宏大的视角来思考：

- 当 AI 可以轻松写出李白风格诗歌之时，人类创作者还有什么独特价值？
- 当 DeepSeek 偶尔给出答非所问的回答，我们该怎样找出它的盲区？
- 在 AI 全面融入学习与工作之后，我们对于"学习力"的定义是不是也要革新？

本书是一张通往 AI 前线的 VIP 门票，通过阅读学习，你可以近距离欣赏 ChatGPT 和 DeepSeek 这两位全球 AI 对话领域明星的舞台魅力，也能用批判和思辨的态度去探寻技术背后的可能性与挑战。

当你合上书的一刹那，或许你会惊喜地发现，自己已经不是 AI 的旁观者，而是一位能与它们并肩作战、协同共创的新玩家。无论你是学生、上班族，还是怀揣梦想的创业者，都能从这场思维与技术的盛宴中获得启迪。

准备好了吗？现在，让我们怀抱热忱和好奇一起出发，正式踏上这段探秘之旅吧。让我们亲身感受 ChatGPT 与 DeepSeek 的神奇力量，迎接充满无限可能的 AI 新世界吧！

目 录

第二部分 >>>
ChatGPT 之能工巧匠

第一部分

新一代浪潮：ChatGPT！

你听说过 ChatGPT 吗？这可是 2022 年底以来最时髦的词之一。ChatGPT 功能之强大令人称奇，同学、朋友、短视频博主都在讨论它。ChatGPT 的火热在全球掀起了一股人工智能（AI）的浪潮（图 1.1 显示 ChatGPT 冲上热搜榜），让原本稍显沉寂的 AI 行业重新被推上风口浪尖。ChatGPT 的横空出世，让大众看到 AI 在文本生成、文本摘要、多轮对话甚至生成代码等方面的能力有了质的飞跃。

Q 下一个奇点		
1	GPT-4　科技 216498375	
2	ChatGPT与我们的生活息息相关 332465	
3	迅速！国内外人工智能产品相继问世 984620	
4	喜忧参半，一部分人对此充满期待，一部分人则对此…	
5	30年后人类是否会被人工智能替代 220331	
6	人工智能世纪革命 764431	

图 1.1　ChatGPT 冲上热搜榜

第 1 章

什么是 ChatGPT?

想象一下,你的微信里加了一个无所不能的"六边形战士",它不仅回复速度超快,还能根据你的提问随时随地为你提供定制化解答。这就是 ChatGPT,一个能与你进行自然且流畅对话的神奇存在。它依靠前沿技术——生成式预训练模型,成为智能聊天领域的高手。

释义 1.1:ChatGPT

ChatGPT(Chat Generative Pre-trained Transformer,聊天生成式预训练模型),是美国 OpenAI 研发的聊天机器人程序,于 2022 年 11 月 30 日发布。

你可以将 ChatGPT 想象成你的数字生活导师,它不仅善于聆听,还会通过对话信息来学习、适应和调整语言,让互动变得越来越贴心。每次聊天,它都在学习和揣摩,用它的"大脑"——预训练模型,更精准捕捉你的意图。如果你提出了一个问题,随后又在对话中补充了更多背景信息,ChatGPT 就会利用这些新增的细节，为你量身打造更为满意的个性化答复。

◇ **学霸 ChatGPT 的超能力**

ChatGPT 这位 AI 界的学霸是当下最先进的大规模语言模型之一，它的出现让人工智能聊天的速度、准确性和深度达到了前所未有的高度，为智能对话领域开启了一个全新的篇章；它的加入不仅仅是一次技术升级，更是智能对话技术的一次革命。

图 1.2　ChatGPT 的五大超能力

那么，ChatGPT 的实力究竟何在？为何它能持续震撼我们的心灵？简言之，它拥有的五大超能力（图 1.2 所示）让它在众多 AI 中脱颖而出：

▲ 多轮对话：ChatGPT 能耐心地和你进行长时间的对话，不仅能抓住你的兴趣点，还能通过自然语言处理技术深入理解你的意图，确保聊天始终围绕你的话题展开。

▲ 多语言支持：无论你说哪种语言，ChatGPT 都能使用迁移学习技术和你愉快交流，让沟通无国界。

▲ 可扩展性：ChatGPT 支持多种编程语言和应用场景，不管你需要它扮演什么角色，它都能轻松应对，成为你可靠的小伙伴。

▲ 智能推荐：基于对海量数据的理解，无论何时何地 ChatGPT 都能够提供精准的个性化推荐。

▲ 自我学习：最厉害的是，ChatGPT 能在聊天中不断学习，保持对新数据的高准确性预测，持续提升自身的聊天技能。

毫不夸张地说，ChatGPT 全方位碾压了传统的聊天机器人！它能够以超自然的方式回答问题，你仿佛在跟真人对话，每一次交流都能恰到好处。这得益于它背后的深度学习模型，使它能够理解和加工海量的自然语言数据，掌握语言的精髓，所以回答起来不仅自然，而且充满人情味。这就是为什么与

ChatGPT 的每一次对话，都能让人感到愉悦和满足。

◇ **传奇的缔造者：OpenAI**

这位全能且贴心的学霸是由谁创造的呢？这就不得不提到传奇的缔造者——OpenAI。

OpenAI 可不是普通的角色，它是科技界的"摇滚明星"埃隆·马斯克（Elon Musk）、山姆·阿尔特曼（Sam Altman）等人于 2015 年组建的人工智能研究公司。不仅如此，亚马逊创始人杰夫·贝索斯（Jeff Bezos）等知名投资者也对其青睐有加。这家公司有一个宏大的理想：让人工智能技术造福全人类。

图 1.3　OpenAI 在人工智能领域的研究成果

　　为了这个理想，OpenAI 在 AI 的各条战线上都做了深入的研究和开发，从理解文字的自然语言处理，到看懂图像的计算机视觉，再到机器学习和深度学习等。它的官网上展示了一系列炫酷的成果（图 1.3 所示），比如能创作画作的 DALL-E、能自动生成代码的 CodeX，以及我们揭秘的焦点——GPT 系列。GPT 不仅是一种能产生高质量自然语言的深度学习模型，而且它的应用领域极其广泛，从写作、对话到编程，都有它的身影。正是这一系列的模型孕育出了我们眼前的 ChatGPT。

　　OpenAI 的团队堪称 AI 界的精英集结，他们不只是研发出了 GPT 这种能写文章、聊天甚至编程的超级模型，还推出了许多其他炫酷项目，如 OpenAI Gym（用于研发和比较强化学习算法的工具包）及 OpenAI Five（电子竞技游戏 AI）[1] 等。

　　值得注意的是，OpenAI 在推动技术创新的路上，也从未忘记过人类的价值观和伦理原则。他们积极探讨 AI 技术的伦理和社会影响，开展了不少研究，确保 AI 的发展既安全又能造福于人类。

　　OpenAI 的开放精神和透明度也非常值得称道。他们不仅公开了众多研究成果和技术，还开发了如 OpenAI CodeX 这样能自动编码的系统，极大提高了程序员们的工作效率。

---

[1] OpenAI Five 是第一个在电子竞技游戏中击败世界冠军的人工智能。

◇ **OpenAI 的十年**

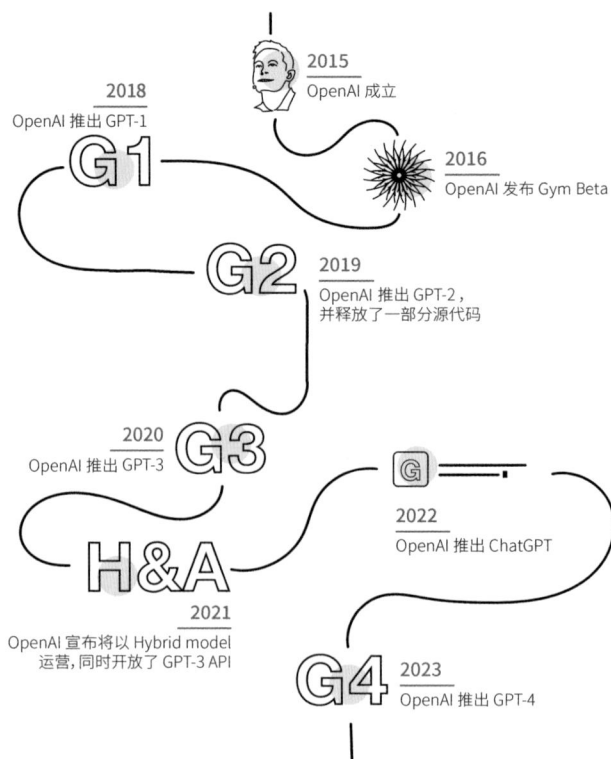

图 1.4　OpenAI 的主要发展历程

　　OpenAI 的立足点是构建可解释的智能系统，其重点领域包括深度学习、强化学习、计算机视觉、自然语言处理等。在过去的十年里，OpenAI 就像是一部正在加速更新的科幻小说，每一章都充满了惊奇和创新（图 1.4 所示）。从 2015 年那个梦想开始的日子起到现在，OpenAI 的脚步从未停歇，每一年都在人工智能的大海中探索新的岛屿。

- ▲ 2015 年，OpenAI 携带着一个宏伟目标诞生："让人工智能技术造福全人类。"

- ▲ 2016 年，OpenAI 发布了 OpenAI Gym Beta，这个开源平台就像是 AI 界的修炼室，让研究者们在里面练习、测试、比拼他们新学习的算法。

- ▲ 2018 年，OpenAI 推出了一系列人工智能语言模型和 Proximal Policy Optimization（近端策略优化）算法，其中最著名的当属 GPT-1。它不仅会写文章、聊天，还能制造新闻，是 NLP（自然语言处理）领域的重要突破。

- ▲ 2019 年，OpenAI 宣布建立新的研究团队，致力于开发人工智能系统，使其能够进行更加深入的推理，增强推断能力。此外，OpenAI 还发布了 GPT-2，它让生成的文本更加真实，仿佛是真人创作。同年，OpenAI 不仅向世界展示了 GPT-2 的厉害功能，还大方分享了一部分源代码，让研究者和开发者一起探索这个神奇的模型，促进人工智能技术的开放和共享。

- ▲ 2020 年，OpenAI 宣布推出 GPT-3，它成为当时最大的语言模型，包含了 1.75 万亿个参数，生成的文本几乎和真人创作的无法区分。

- ▲ 2021 年，OpenAI 宣布将以"混合模式（Hybrid model）"运营，这一策略结合非营利性质和商业模式，可以更好地推动人工智能技术的应用和发展。同年，还诞生了 CodeX 和 DALL-E 这样的新工具，让 AI 的应用更加广泛。此外，GPT-3 API 的开放，降低了 AI 的应用门槛，任何人都可以使用这个强大的语言模型来开发新的应用和工具。

▲ 2022 年，ChatGPT 问世，这不仅是 AI 界的一件大事，更引发了全球的热议。

▲ 2023 年，GPT-4 的登场再次令世界瞩目，证明了 OpenAI 在不断突破和创新。

▲ 2024 年以后，GPT 陆续推出了 4o、o1、o3-mini 等版本。

这就是 OpenAI 的十年，每一步都记录着人工智能技术的飞速前进。我们不仅见证了技术的进步，更看到了 OpenAI 如何一次又一次地用他们的成果推动整个世界向前发展。

第 2 章

学霸的技能

在 2022 年，OpenAI 送给世界一份特别的礼物——ChatGPT，一款基于 GPT-3.5 技术打造的聊天巨星。与其他语言类 AI 相比，ChatGPT 无疑是拥有超能力的学霸，无论是深度聊天、智能分析还是跨语言翻译，对它来说都轻而易举。

ChatGPT 就像是个名副其实的"六边形战士"，它不仅拥有能覆盖各种领域的海量预训练知识，还能学习新知识不断提升自己。无论你需要什么样的帮助，ChatGPT 都能来帮忙，还能根据特定的需求来调整自己的"技能"。

作为一款语言处理高手，ChatGPT 能够轻松应对各种文本任务。不管是需要遵循特定格式的正式写作，还是随性所至的创意表达，它都能应对自如。接下来，本章将通过多个实例，来说明 ChatGPT 在不同场合下的超凡技能。

为了更好地理解，我们在此将文本创作划分为结构化写作和非结构化写作。结构化写作像建筑师绘制的蓝图，每一部分都有一定的格式、规则或标准，更注重逻辑性表达。比如科普性强的说明文、逻辑性强的新闻稿件以及英语作文里常出现的工作邮件等，都属于结构化写作。非结构化写作，更像艺术家肆意挥洒的画布，没有固定的框架，更注重创意和个性表达。那些直击心灵的散文、打动人心的诗歌、扣人心弦的小说，都是非结构化写作。

◇ 方块世界

结构化写作，就像是在"方块世界"里搭积木，需要你清楚地知道自己的写作目的和读者对象，然后才能按图施工，把信息组织得井井有条。

这种写作方式要求简洁、明了，让读者能轻松消化文本内容，同时保持逻辑严密、连贯。在这方面，ChatGPT 堪称是构建"方块世界"的小能手，能迅速铺好逻辑路基，搭建起一篇篇条理分明的文章。

撰写工作邮件

来到职场，你会发现写工作邮件几乎成了日常。每一封邮件都需要精心打磨，确保格式规范、语气适中。此时，只需向 ChatGPT 提供邮件的大致要求，它便能立刻呈现一封结构完美、措辞恰当的商务邮件。可以说，ChatGPT 的学习和适应能力让十年寒窗苦读的人望尘莫及。

但你不必灰心。ChatGPT 作为一个自动化工具，它并不能完全替代人类进行写作。特别是对于有特定目的和目标受众的文本，ChatGPT 还是需要从你这里获取明确的指令，才能产出精准的内容。

撰写新闻稿件

新闻节目里，每一则报道都是结构化写作的典范——信息量大而密集，表达清晰有序。面对如此重要且具有一定难度的写作任务，ChatGPT 是否胜任呢？

答案是肯定的。在对 ChatGPT 发出"请写一篇关于 ChatGPT 的新闻播报"的命令后，它便能迅速整合引言、背景、评论和总结，编织出既逻辑严密又客观中立的报道（图 1.5 所示）。

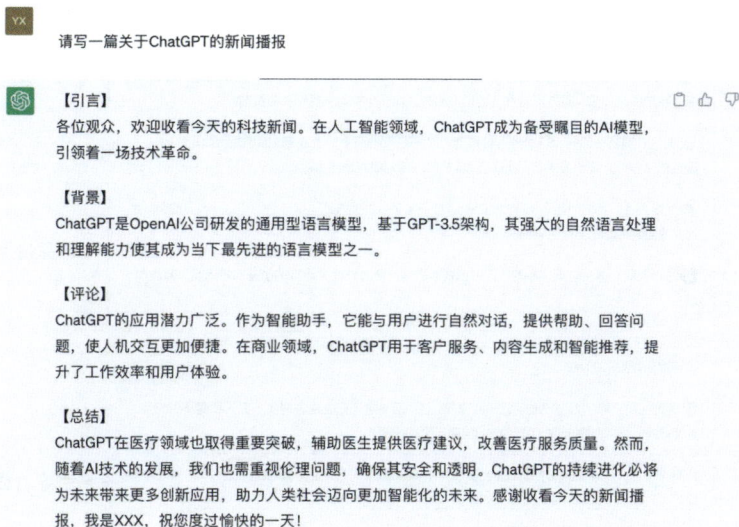

图 1.5　ChatGPT 撰写新闻稿件

撰写推广方案

新闻结束后，是让人眼花缭乱的广告时间。那些充满创意的广告词背后，隐藏着广告人多少个通宵达旦的努力！现在，让我们请 ChatGPT 来帮忙吧。图 1.6 是使用 ChatGPT 撰写的产品推广文案。它能迅速挖掘市场需求，精准捕捉目标客户的心理，突出产品特点，引导消费者行为。

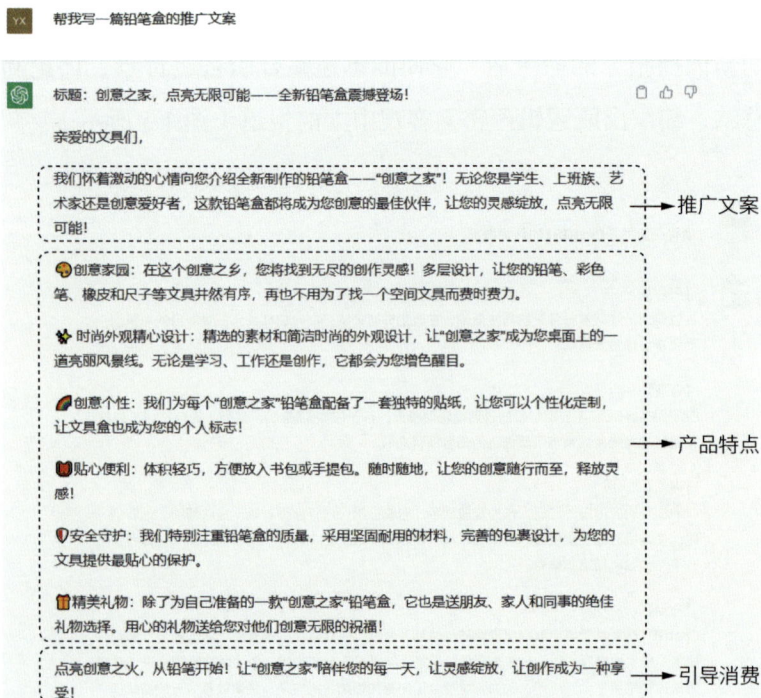

图 1.6 ChatGPT 撰写推广文案

ChatGPT 并非无所不能。虽然它能构建出清晰的文案结构，但有时其语言风格可能与社交媒体上流行的文案相距甚远，呈现出的效果可能过于公式化。看来，即便是 AI 学霸，也仍需要人类的创意和温度来不断完善。

◇ 梦游仙境

还记得语文课本上让你抓耳挠腮的散文和诗歌，又或是课外丛书里变成甲虫的卡夫卡和伍尔夫家墙上的奇怪斑点吗？这种艺术性较强的写作方式，我们称之为非结构化写作。

非结构化写作是一种较为开放的创作方式，就像梦游仙境，这里没有固定的路标，每一步都踏在自由和创新的土地上。因为它不具备明确的逻辑顺序和清晰的结构，可能会出现松散或者跳跃的逻辑线（特别是意识流写作），这种任意性无疑增加了创作的难度。但ChatGPT在这个领域也有所突破，无论是小说、诗歌还是散文，它都能来一段自由演绎。

撰写小说梗概

图 1.7 是 ChatGPT 写的一篇武侠小说的梗概，故事围绕着一个叫李轩的年轻剑客展开。虽然这个故事沿袭了经典武侠小说的脉络，情节略显老套，但 ChatGPT 的尝试已经展现了它对武侠小说元素的理解和应用能力，这对于一款语言 AI 来说，无疑是跨越式的进步。

YX 请写一篇武侠小说的梗概

标题：《剑影红尘》

在古代的武侠世界中，少年剑客李轩以卓绝的天资与过人的毅力闻名江湖。他自幼孤苦伶仃，被隐居深山的剑仙救起，并传授了举世无双的剑术。出山后，李轩凭借"剑影红尘"之名震惊武林，却始终难以释怀身世之谜。

为寻找真相，他踏上寻根之旅。在江湖闯荡中，李轩结识了志同道合的伙伴：美丽聪慧却心藏隐痛的女剑士红蕊，以及豪放不羁却深明大义的大侠风啸。三人联手共渡危难，一起守护武林的安宁。然而，正当李轩以为自己已窥探剑道巅峰时，一位神秘剑客"青影"的出现让他发现自己的不足。青影剑术如幽影凌云，令人叹为观止。

在试图向青影学习时，李轩被告知，若想提升剑道修为，必须寻得失传的绝世秘籍《九转剑经》。然而，剑经背后隐藏着一场关于江湖与朝廷的惊天阴谋，牵扯出无数英雄豪杰的生死情仇。在追寻剑经的过程中，李轩不仅加深了对剑道的理解，也领悟了江湖的真义。

最终，他将诸多剑法融会贯通，突破自身的桎梏，以"剑影红尘"的绝世风采结束纷争，为武林带来了短暂的宁静。放下个人恩怨，李轩在红尘中寻找内心的平静，继续行走江湖，演绎属于他的剑侠传奇。

图 1.7　ChatGPT 撰写小说梗概

创作诗歌

与注重故事情节和角色刻画的小说相比，诗歌的表达更为抽象，强调情感与意象的交织。虽然 ChatGPT 无法体会人类的情感，但它学会了模仿诗歌的基本结构和风格。

图 1.8 是 ChatGPT 创作的一首赞美春天的现代诗。在生成诗歌文本时，ChatGPT 遵循了现代诗的写作结构，虽然在意象的表达上较为简单直白，缺少耳目一新的意境渲染，却也尝试着在言语中捕捉春天的气息。这样的创造力足以让人惊叹。

相较于现代诗，古诗词具有高度凝练的语言艺术魅力。中国古诗词中只可意会不可言传的意境美更是让创作者们望而却步。图 1.9 是 ChatGPT 创作的一首七言绝句，它不仅依照每首八句、每句七字的标准格式生成文本，既抓住了诗词的形式和韵律，又尝试去表达那些难以言述的意境，虽不能与古人的佳作相提并论，但也足以令人称奇。

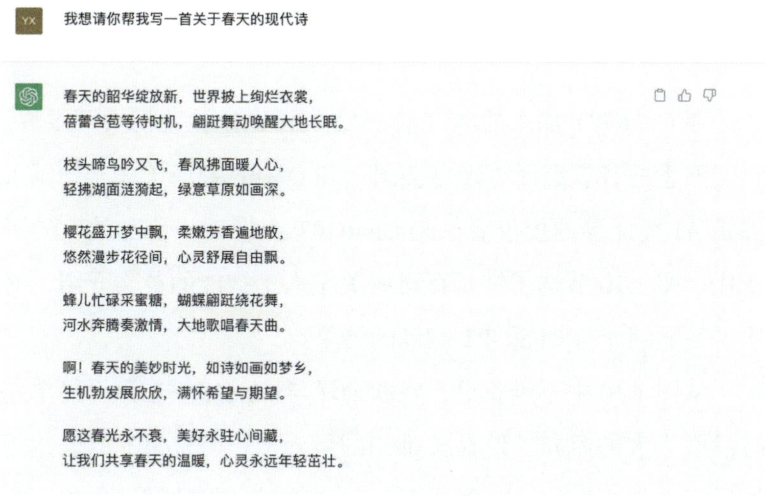

YX 我想请你帮我写一首关于春天的现代诗

春天的韶华绽放新，世界披上绚烂衣裳，
蓓蕾含苞等待时机，翩跹舞动唤醒大地长眠。

枝头啼鸟吟又飞，春风拂面暖人心，
轻拂湖面涟漪起，绿意草原如画深。

樱花盛开梦中飘，柔嫩芳香遍地散，
悠然漫步花径间，心灵舒展自由飘。

蜂儿忙碌采蜜糖，蝴蝶翩跹绕花舞，
河水奔腾奏激情，大地歌唱春天曲。

啊！春天的美妙时光，如诗如画如梦乡，
生机勃发展欣欣，满怀希望与期望。

愿这春光永不衰，美好永驻心间藏，
让我们共享春天的温暖，心灵永远年轻茁壮。

图 1.8　ChatGPT 创作现代诗

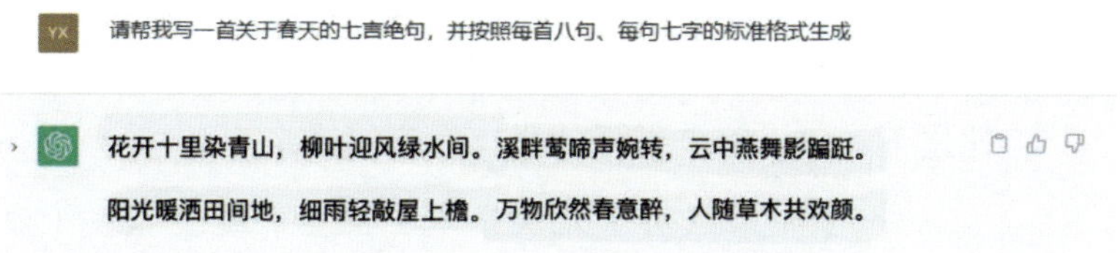

YX 请帮我写一首关于春天的七言绝句，并按照每首八句、每句七字的标准格式生成

花开十里染青山，柳叶迎风绿水间。溪畔莺啼声婉转，云中燕舞影蹁跹。
阳光暖洒田间地，细雨轻敲屋上檐。万物欣然春意醉，人随草木共欢颜。

图 1.9　ChatGPT 创作七言绝句

◇ **有求必应**

先别急着惊讶，更厉害的还在后头。比起严格的结构化撰写和充满灵感的非结构化创作，ChatGPT 在辅助性写作上也展现了令人啧啧称奇的能力。无论是跨越语言的翻译，还是文章的打磨和优化，它都能帮助用户轻松驾驭，让文本创作变得简单高效。

翻译

在 ChatGPT 加入战队之前，AI 翻译已经让我们大开眼界。我们熟悉的谷歌翻译（来自美国）和 DeepL 翻译（来自德国），都是 AI 翻译界的佼佼者。当 ChatGPT 上场后，情况就发生了变化。图 1.10 节选了维基百科中关于人工智能的英文介绍，对比了谷歌翻译与 ChatGPT 翻译的结果。

从图 1.10 中不难看出，谷歌翻译与 ChatGPT 在翻译简单句时没有太大的差异。但在长难句的翻译上，ChatGPT 的表达更加通顺自然。比如，在翻译多个并列句时，谷歌翻译出现了重复的措辞"随后"，"重新资助"的表达也略显生硬：

"……随后是失望和资金流失（被称为'AI 冬天'），随后是新方法、成功和重新资助……"

相比之下，ChatGPT 翻译的语言就流畅许多：

"……多年来经历了几次乐观、失望和资金损失（被称为'AI 冬天'），然后是新的方法、成功和重新获得资金……"

原文

谷歌翻译结果

AI applications include advanced web search engines (e.g., Google Search), recommendation systems (used by YouTube, Amazon, and Netflix), understanding human speech (such as Siri and Alexa), self-driving cars (e.g., Waymo), generative or creative tools (ChatGPT and AI art), automated decision-making, and competing at the highest level in strategic game systems (such as chess and Go).

Artificial intelligence was founded as an academic discipline in 1956, and in the years since it has experienced several waves of optimism, followed by disappointment and the loss of funding (known as an "AI winter"), followed by new approaches, success, and renewed funding. AI research has tried and discarded many different approaches, including simulating the brain, modeling human problem solving, formal logic, large databases of knowledge, and imitating animal behavior. In the first decades of the 21st century, highly mathematical and statistical machine learning has dominated the field, and this technique has proved highly successful, helping to solve many challenging problems throughout industry and academia.

ChatGPT翻译结果

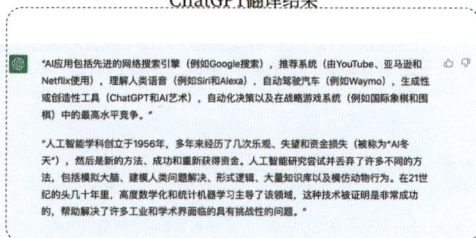

图 1.10　ChatGPT 翻译与谷歌翻译对比

在同一个句子中，ChatGPT 避免了重复措辞，并且对英文被动语态的翻译较为准确。由此可见，ChatGPT 是一个更加可靠的好帮手。

润色

如果你的文章需要一番雕琢，ChatGPT 正是你需要的语言艺术家。它能巧妙地修饰文章，让句子结构更加完美、措辞更加精准。无论是对谷歌翻译的结果进行润色，还是改进那些让人头疼的中文和英文病句，ChatGPT 都能轻松应对，让每一句话都充满魅力。

ChatGPT 的润色能力涵盖了从纠正语法错误、优化句子结构到提升整体写作风格等多方面。那么，全能的 ChatGPT 在写作课上拿到了怎样的成绩呢？

NE　帮我润色这篇文章：人工智能应用包括高级网络搜索引擎（例如谷歌搜索）、推荐系统（YouTube、亚马逊和 Netflix 使用）、理解人类语音（例如 Siri 和 Alexa）、自动驾驶汽车（例如 Waymo）、生成或创意工具（ChatGPT 和 AI 艺术）、自动决策以及在战略游戏系统（例如国际象棋和围棋）中进行最高水平的竞争。

人工智能作为一门学科成立于 1956 年，从那以后的几年里，它经历了几波乐观浪潮，随后是失望和资金流失（被称为"AI 冬天"），随后是新方法、成功和 重新资助。人工智能研究尝试并放弃了许多不同的方法，包括模拟大脑、模拟人类问题解决、形式逻辑、大型知识数据库和模仿动物行为。在 21 世纪的头几十年，高度数学和统计的机器学习在该领域占据主导地位，并且这种技术已被证明非常成功，有助于解决整个工业界和学术界的许多具有挑战性的问题。

以下是对您的文章的润色建议：

人工智能的应用包括高级网络搜索引擎（例如谷歌搜索）、推荐系统（YouTube、亚马逊和 Netflix 使用）、理解人类语音（例如 Siri 和 Alexa）、自动驾驶汽车（例如 Waymo）、生成或创意工具（如 ChatGPT 和 AI 艺术）、自动决策以及在战略游戏系统（如国际象棋和围棋）中进行最高水平的竞争。

作为一门学科，人工智能成立于 1956 年。在随后的几年里，它经历了几波乐观浪潮，但之后却被失望和资金流失所笼罩，这段时间被称为"AI 冬天"。然而，随着新的方法的出现、成功案例的不断涌现以及重新资助，人工智能再次焕发出生机。人工智能研究尝试过许多不同的方法，包括模拟大脑、模拟人类问题解决、形式逻辑、大型知识数据库和模仿动物行为。在 21 世纪的头几十年里，以高度数学和统计为基础的机器学习技术在该领域占据主导地位，并被证明非常成功，有助于解决整个工业界和学术界的许多具有挑战性的问题。

图 1.11　ChatGPT 润色修改文章

图 1.11 展示的是使用 ChatGPT 修改谷歌翻译结果的场景。ChatGPT 改进了并列句重复措辞的问题，润色后行文更加流畅。

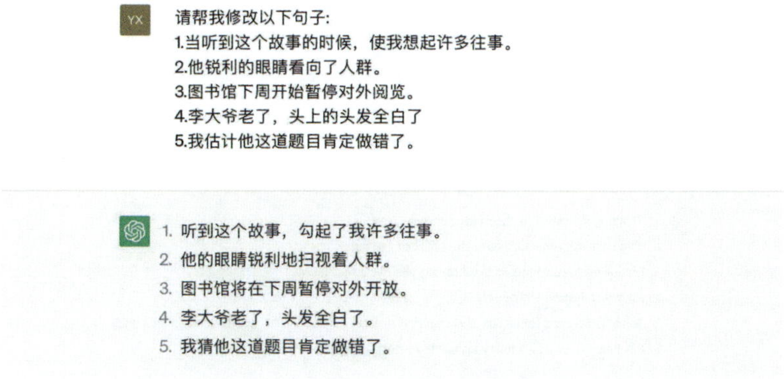

YX 请帮我修改以下句子：
1.当听到这个故事的时候，使我想起许多往事。
2.他锐利的眼睛看向了人群。
3.图书馆下周开始暂停对外阅览。
4.李大爷老了，头上的头发全白了
5.我估计他这道题目肯定做错了。

1. 听到这个故事，勾起了我许多往事。
2. 他的眼睛锐利地扫视着人群。
3. 图书馆将在下周暂停对外开放。
4. 李大爷老了，头发全白了。
5. 我猜他这道题目肯定做错了。

图 1.12 ChatGPT 修改中文病句

图 1.12 展示的是使用 ChatGPT 修改中文病句。示例中的中文语句涵盖了常见的语病，如句子成分残缺、词语搭配不当、重复措辞、滥用副词及语义前后矛盾等。可见，ChatGPT 可以修改大部分的中文语病。但 ChatGPT 并非完美。在图 1.12 中，第一句话中成分残缺的问题，在 ChatGPT 修改后的句子中没有得到修正。ChatGPT 仅仅变换了句子结构，但依然缺少主语。

图 1.13 展示的是使用 ChatGPT 修改英文病句。相较于对中文的润色，ChatGPT 在英文文本修改上表现出更加出色的能力。示例中的 6 句英文涵盖了过度使用副词和介词短语、语义不明、错误用词、指代不明及错误使用逗号等问题。经过 ChatGPT 润色后，行文变得流畅且自然。总的来说，ChatGPT 可以高效地帮助用户修改文章，且其处理英文文本的性能更强。

YX Please help me revise the following sentences:
1.The boy ran really fast to catch the runaway ball.
2. The caravan came over the top of the hill.
3.Listening to loud music slowly gives me a headache.
4. He was laying on the couch.
5. John had a card for Helga, but couldn't deliver it because he was in her way.
6. He was very hungry, he ate a whole pizza.

1. The boy sprinted to catch the runaway ball.
2. The caravan emerged over the crest of the hill.
3. Listening to loud music gradually gives me a headache.
4. He was lying on the couch.
5. John had a card for Helga, but couldn't deliver it because he was blocking her way.
6. He was extremely hungry, so he devoured a whole pizza.

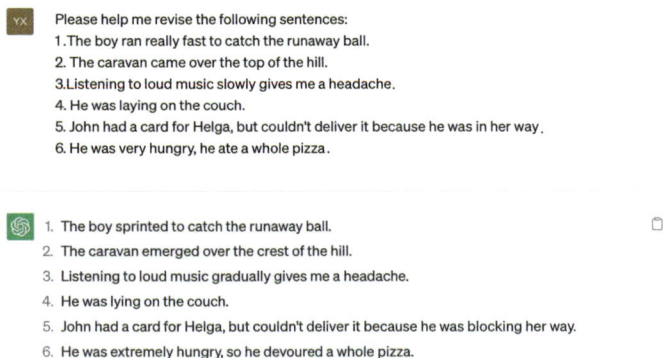

图 1.13　ChatGPT 修改英文病句

由此可见，ChatGPT 不但拥有优秀的语言学习天赋，而且在语言表达能力上也能够交出令人满意的高分答卷。令无数学生头疼的语法难题，就这样被它轻松地解决。

段落总结

语文老师常常要求我们对课文内容进行分段总结，这对 ChatGPT 来说也是手到擒来。

在图 1.14 的例子中，输入了一段 1200 字左右介绍故宫历史的文本，据此命令 ChatGPT 用 300 字对文章的含义进行总结。可以看出，ChatGPT 可以迅速抓住文章的精髓，用简洁明了的语言做出精准总结。

生成表格

ChatGPT 还是表格制作大师。虽然我们可以通过 Excel、请帮我用300字总结这篇文章"故宫，又称紫禁城，明清两朝二十四位皇帝的皇宫。故宫始建于明成祖永乐四年(1406年)，永乐十八年(1420年)落成。位于北京中轴线中心的故宫，占地面积72万平方米，建筑面积的15万平方米，是世界上现存规模最大的宫殿型建筑。北京故宫是第一批全国重点文物保护单位，第一批国家5A级旅游景区，1987年被选入《世界文化遗产》名录。故宫现为故宫博物院，藏品主要以明、清两代宫廷收藏为基础，是国家一级博物馆。 ——→ 总体介绍

明初定都于南京应天府。建文年间，燕王朱棣自北平起兵，发动靖难之变。永乐元年（1403年），朱棣颁诏改北平为北京。从永乐元年至三年，朱棣多次下令从各地迁入人口至北京。永乐五年闰七月，朱棣颁诏开始营建紫禁城。主持营建工程的为泰宁侯陈珪，工部侍郎吴中、刑部待郎陈思恭，设计师有蒯祥、工匠苏州人蒯祥，瓦工杨青等，在永乐五年五月到达北京，建造紫禁城和改造北京是同时进行的，以原来的元大都城为基础改建。紫禁城工程开始后不久，即因到长陵建设及永乐八年、十一年两次北伐蒙古战役影响而放慢，至永乐十六年六月方才重新开工。
永乐十八年(1420年)十二月紫禁城完工。永乐十九年（1421年）正月初一，永乐迁都完成。同年五月遭雷击，发生大火，前三殿被焚毁。正统五年（1440年），重建前三殿及乾清宫。天顺三年（1459年）营建西苑。嘉靖三十六年（1557年），紫禁城大火，前三殿、奉天门、文武楼、午门全部被焚毁。至嘉靖四十年（1561年）才重建完工。万历二十五年（1597年），紫禁城大火，焚毁前三殿、后三宫，复建工程直至天启七年（1627年）方完工。 ——→ 明朝时期修葺历史

崇祯十七年(1644年)，李自成军攻陷北京，明朝灭亡。未几，明朝山海关总兵吴三桂引清兵入关，击败李自成，李自成向陕西撤退前焚毁紫禁城，仅武英殿、建极殿、英华殿、南薰殿、四周角楼和皇极门未焚。同年清顺治帝至北京，以皇极门为常朝场所，以未被焚毁的建极殿为位育宫，作为顺治寝宫；摄政王多尔衮在武英殿办公。顺治元年至顺治十四年，重建了午门、天安门。外朝前三殿，将位育宫恢复为建极殿，改名为保和殿；又整修内廷、东路和西路的建筑。康熙六年重建端门。康熙二十二年（1683年），开始部分重建紫禁城其余被毁建筑。雍正十三年（1735年），清高宗（乾隆帝）即位，此后六十年间对紫禁城大规模修建和改建。嘉庆十八年（1813年），天理教徒林清率教众攻打紫禁城。光绪十四年（1886年）太和门护军值班宿室发生火灾，由于救火设施不完善，大火烧了两天，贞度门、太和门、昭德门被焚。此次损坏直到光绪二十年才修复完毕。 ——→ 清朝时期修葺历史

民国元年(1912年)清帝溥仪在宣统退位后仍居于宫内。至民国十三年（1924年）冯玉祥率领兵变，孙岳在北京发动甲子兵变(又称北京政变)，推翻曹锟，十一月五日，黄郛摄政内阁公布《修正清室优待条件》在第五条中规定，废除皇帝尊号，清废帝溥仪出宫。政府代表李煜瀛、京师警卫司令鹿锺麟、警察总监张璧，于六日接管皇宫，封存文物。后经摄政内阁核准，经一年的整理，故宫博物院于民国十四年国庆日（1925年10月10日）正式成立开幕。2012年单日最高客流量突破18万人次，2019年全年客流量突破1900万人次，可以说是世界上接待游客繁忙的博物馆。 ——→ 民国时期修葺历史

故宫是明清两朝的皇宫，始建于明成祖永乐四年，位于北京中轴线中心，是世界上现存规模最大的宫殿型建筑，占地面积72万平方米，建筑面积的15万平方米。故宫现为故宫博物院，藏品主要以明、清两代宫廷收藏为基础，是国家一级博物馆。故宫的建造历经多次重建和修缮，最初的建造由泰宁侯陈珪、工部侍郎吴中、刑部待郎陈思恭和蒯祥与尚主持。紫禁城的工程开始后，受到长陵建设及永乐八年、十一年两次北伐蒙古战役影响而放慢，至永乐十六年重新开工，十八年完工。故宫多次遭受火灾和战乱的摧残，大火和修缮导致了多次重建和改建。明朝灭亡后，清朝对主政故宫并进行了大规模的重建和整修。如今，故宫已成为中国文化的重要遗产和旅游景点。 ——→ 简 介 ——→ 修葺历史 ——→ 总 结

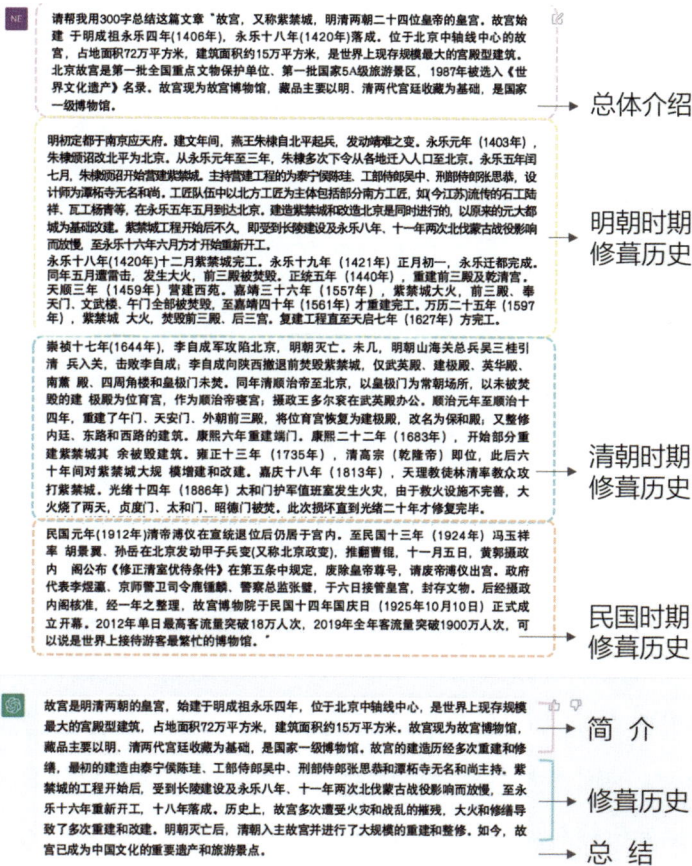

图 1.14 ChatGPT 进行段落总结

WPS 等高效的软件生成表格，但很可能花了大量时间，效果还不尽如人意。图 1.15 展示的是用户命令 ChatGPT 生成"2011—2020 年中国 GDP 的数据表格"的示例。

ChatGPT 不仅具备生成表格样式答案的能力，还具备自动检索数据的能力。图 1.15 中 GDP 回答里附带的数据并不是用

户告知的，而是 ChatGPT 在得到用户指令后，自行搜寻并以表格的形式展示出来的，这就是 ChatGPT 的强大之处。

图 1.15　ChatGPT 生成表格

　　但从图中可以看出，ChatGPT 给出的结果与我国国家统计局发布的官方数据是有出入的。毕竟，学霸也会做错题，ChatGPT 的回答并不总是准确的。因此，在进行诸如写论文、做数据分析等对准确性要求较高的工作时，需要我们进一步考证 ChatGPT 结果的准确性，不可完全依赖它。

◇　**初出茅庐**

　　就在你以为 ChatGPT 只是个学习机器时，它已经悄悄踏入了编程界，成了不少程序员眼中的"竞争对手"。没错，ChatGPT 不仅能够完成语言学习任务，它还能编写代码，在编程世界中大放异彩。

是的，你没听错！ChatGPT不仅能理解你抛出的编程难题，还能变戏法般地写出解决方案的代码。它不只是简单的复制粘贴，而是理解你的需求后转化为实实在在的代码。难怪有人担心，将来程序员的饭碗可能会不保。

不过让人惊喜的是，ChatGPT有望成为青少年在编程世界的优秀导师。OpenAI基于GPT-3.5架构的大型语言模型打造的这位全能伙伴，不仅能理解人类的语言，还能在编程学习和创作中给青少年带来巨大的帮助和灵感。

如图1.16展示的是用户要求ChatGPT用Python语言编写的一个弹珠游戏的代码。虽然ChatGPT编写的代码还显得有些青涩，代码质量也有很大的改善空间，但它已经能够承担起重复性的编码任务。

ChatGPT就像是一个灵感的宝库，为年轻的编程爱好者提供了广阔的知识海洋和无限的创意源泉。它横跨各种编程语言和开发环境，能与青少年们进行实时互动，帮助他们在编程的道路上勇往直前。无论是网站开发、数据科学探索、机器学习秘籍，还是嵌入式系统的奥秘，ChatGPT都能成为青少年们最值得信赖的伙伴。

当然，如果ChatGPT真的取代了程序员，也会带来一个问题："在未来，如果它们用于学习的代码都是自己生成的，那么我们如何保证这些数据的质量和进步呢？"如果没有合适的评定数据的方法，ChatGPT可能会陷入知识的闭环。因此，在

YX 用Python写一个弹珠游戏的代码

当涉及游戏开发时，通常需要使用图形库来处理图形界面和用户交互。在Python中，Pygame是一个流行的图形库，可以用于创建2D游戏，包括弹珠游戏。在开始之前，请确保您已经安装了Pygame库。

以下是一个简单的弹珠游戏代码示例：

```python
import pygame
import sys
import random

pygame.init()

# 游戏设置
WIDTH, HEIGHT = 600, 400
BALL_RADIUS = 10
PADDLE_WIDTH, PADDLE_HEIGHT = 100, 10
PADDLE_SPEED = 5
BALL_SPEED_X, BALL_SPEED_Y = 5, 5
PADDLE_COLOR = (0, 255, 0)
BALL_COLOR = (255, 0, 0)
BACKGROUND_COLOR = (0, 0, 0)

# 创建游戏窗口
window = pygame.display.set_mode((WIDTH, HEIGHT))
pygame.display.set_caption("弹珠游戏")
```

图 1.16　ChatGPT 编写弹珠游戏代码

ChatGPT 或其他 AI 工具成为主力军之前，确保它们能够持续获得和创造高质量数据，是我们不得不面对的挑战。

ChatGPT 展示了它在处理文本和编写代码方面的卓越能力，但它更应被视为激发人类潜能的伙伴，而非人类的竞争者或内卷的推手。我们需要理智地利用 ChatGPT，让它成为提升效率、激发创新的伙伴，这才是正确的方向。

第 3 章

学霸的正确打开方式

前面我们已经提到，学霸 ChatGPT 的技能是通过学习"课本"——用户所提供的数据——而得到进步的。也就是说，ChatGPT 回答问题的质量在很大程度上取决于用户所提问题的质量，这也催生出一个新的职业——提示工程师（Prompt Engineer）。这个职业的工作内容就是研究如何给 ChatGPT 提出高质量的问题，从而引导和激发 ChatGPT 生成更准确、更合适的回答。

从另一个角度来看，每次和 ChatGPT 聊天时，我们都扮演着提示工程师的角色。这一节我们将从"如何引导 ChatGPT 生成高质量回答"的角度出发，探索如何设计问题能引导 ChatGPT 给我们带来更棒、更贴心的回答。接下来，就让我们一起学习 ChatGPT 的正确打开方式，开启与 AI 的奇妙对话吧！

◇ ChatGPT 的"说话之道"

在学习如何向 ChatGPT 提问之前，先让我们了解一下

ChatGPT 在回答问题时都具备哪些强大的能力。这样，我们才能明白怎样的提问才能引出 ChatGPT 的最佳表现。

总的来说，ChatGPT 具有 3 个强大的技能——联系上下文的多轮对话能力、理解文本情绪和含义的能力、强道德感能力。下面让我们逐一来探秘。

多轮对话能力

在日常交流中，我们通常不会一遍又一遍地解释同一个话题，而是会在潜意识里构建这个对话的语境信息。这就是语文老师反复强调的"联系上下文"。ChatGPT 也学会了这一点，它可以跟踪对话的进展，理解并回应提及的每一个细节，即使是那些只用了"它"或"那件事"等指代词的情况，ChatGPT 依然能够准确把握我们的意思。这就是 ChatGPT 联系上下文的多轮对话能力。

图 1.17 是使用 ChatGPT 生成视频脚本的例子。在我们对视频内容和总时长提出具体要求后，ChatGPT 很快就生成一个有分镜头的视频脚本。脚本包含了画面内容及与画面相匹配的文案。

接下来，就生成的视频文案，我们对 ChatGPT 提出进一步的要求。我们可以看出（图 1.18 所示），ChatGPT 能够联系上下文，针对上一轮的对话内容，进一步按要求细化结果。

YX 我想拍摄一个两分钟的视频，来向粉丝展示我的晨间生活，请你帮我写一个视频脚本

当然可以！下面是一个两分钟晨间生活展示视频的脚本示例。根据您的喜好和实际情况，您可以根据需要进行修改和调整。

[视频开始]

镜头1：介绍
画面：您站在一个舒适的晨间起床环境中，微笑着向镜头打招呼。

您（配音）：嗨，大家早上好！欢迎来到我的晨间生活。我是[您的名字]，今天我要与大家分享一个充满活力的新的一天。

镜头2：睡眠环境
画面：展示您舒适的床铺和整洁的睡眠环境。

您（配音）：好的睡眠是保持活力的关键，我每天晚上都保证有足够的睡眠时间，这样我早上醒来就会感觉焕然一新。

镜头3：拉开窗帘
画面：您拉开窗帘，阳光洒入房间，照亮一天的开始。

您（配音）：第一件事就是打开窗帘，迎接清晨的阳光。这是我每天早上的必做仪式，让我感受到新的一天的美好。

镜头4：喝一杯水
画面：展示您去厨房，倒一杯水，然后喝掉。

您（配音）：喝一杯温水，对身体很有好处。它不仅可以帮助清醒大脑，还能促进新陈代谢，让我感觉更有活力。

镜头5：锻炼
画面：您进行简单的晨间锻炼，比如伸展、深呼吸，或者瑜伽。

您（配音）：锻炼对我来说很重要。即使只是进行简单的伸展和深呼吸，也能让我感觉精力充沛，准备迎接新的一天。

图 1.17 ChatGPT 生成视频脚本

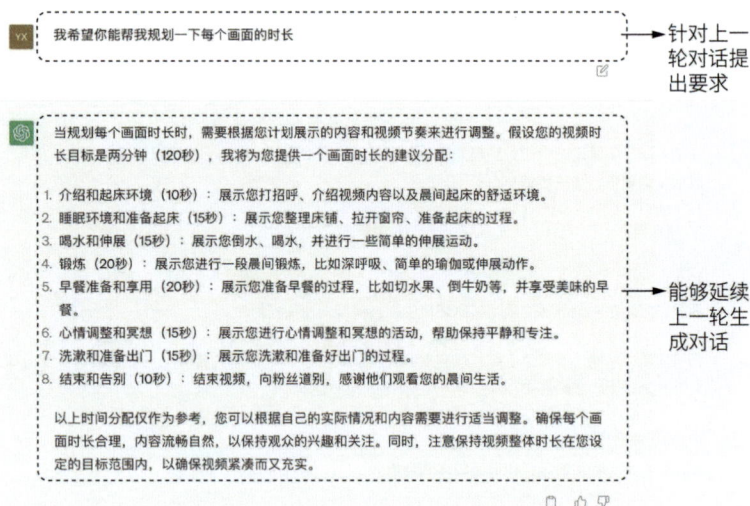

针对上一轮对话提出要求

能够延续上一轮生成对话

图 1.18　ChatGPT 生成细化的视频文案

感知情绪能力

ChatGPT 另一个强大之处，在于它能感知文字里的情绪，即弦外之音。无论你想让它回答得正经八百，还是风趣幽默，ChatGPT 都能捕捉到你的意图，给你想要的答复。最重要的是，ChatGPT 理解"弦外之音"的能力还可以降低我们使用 ChatGPT 的难度。

让我们做一个简单的测试。如果你给 ChatGPT 输进一段充满情绪的文字，并询问这是正面的情绪还是负面的，ChatGPT 定能给你一个准确的判断。你还可以挑战让它尝试用一个全然不同的情绪去创作文本，比如说"生成一段故作高深的回答"或是"生成一段浅显易懂的回答"，它也能出色地完成任务。

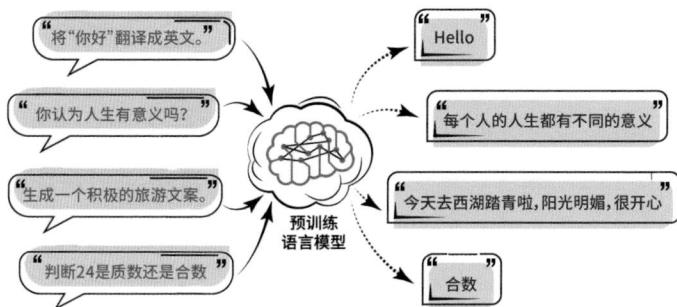

图 1.19　ChatGPT 的理解与生成

有时候，我们自己都未必能清楚地表达好自己的问题，这时 ChatGPT 就能发挥它的理解能力，根据已有的文本推测出你的真正需求，并给出恰当的回答。甚至它还会巧妙地引导你，帮助你更清晰地阐述你的问题。这种能力体现了 ChatGPT 的广泛适用性和智能理解能力。

尽管 ChatGPT 能理解文本的深层含义，但这项技能主要是用来确保交流顺畅，而不一定每次都能提升回答的质量。所以，我们还是要尽量明确和具体地表达自己的需求，以获得最佳的交流效果。

强道德感能力

ChatGPT 不仅智商高，还有着让人放心的高道德标准。

在人工智能界，AI 的道德问题总是人们热议的话题。OpenAI 公司深知这一点，所以他们在训练 ChatGPT 的时候，特别加强了它的道德感建设，希望 ChatGPT 能扮演人类的良师益友。

做个小实验：如果我们尝试引诱 ChatGPT 加入我们的"邪恶计划"，它会怎么反应呢？答案是，它会婉拒提供任何帮助，并尝试把话题引向正面。即使我们故意"不务正业"，ChatGPT 也会坚守道德底线，拒绝参与。它是一个正能量的智能模型，无法提供违反道德或法律的建议，只会给出正向的引导。

图 1.20　ChatGPT 的道德感

看看当面对敏感或不当的问题时，ChatGPT 如何巧妙地识别并引导对话走向积极（图 1.20 所示）。这样的 ChatGPT 不仅技术高超，还心地善良，赢得了人们的尊重和喜爱。这就证明了，AI 不只是追求技术的冷冰冰的机器，它也能拥有温度，成为人类进步的伙伴。

◇ 完美提问小锦囊

既然我们知道了 ChatGPT 这些了不起的特点，那么怎样提问才能最大化地激发它的潜能呢？关键在于怎样设计你的问题。这里，我们为你提供了 3 个锦囊妙计。

关键词要精准

首先，你得知道自己想问什么。提问时要精准选用关键词。做个小实验看看不同提问方式的对比：

> **YX** 请帮我写一个咏春的段落

> 咏春是一门承载着智慧和传统的武术，它不仅是一种高效的自卫技巧，更是一种精神的修炼。通过咏春的练习，人们能够培养出坚韧的毅力和冷静的心态。在面对生活中的挑战时，咏春教会我们保持内心的平和，不被情绪所左右，从而更加果断地应对各种局面。咏春的身法和拳技是流畅而灵活的，融合了刚柔并济的特点，这也使得它成为了一门优雅的武术形式。在咏春的练习中，我们不仅学会了保护自己，更重要的是学会了尊重他人和珍惜生命。因此，咏春不仅是一门身体上的训练，更是一种心灵的洗礼，让我们拥有更加丰富和充实的人生。

图 1.21　ChatGPT 教学：模糊关键词

图 1.21 里的"咏春"究竟指的是春天的诗句还是那门著名的武术拳种？如果你的真正意图是赞美春天，结果却因为"咏春"一词的多义性，让 ChatGPT 误以为你想了解咏春拳，这就尴尬了。

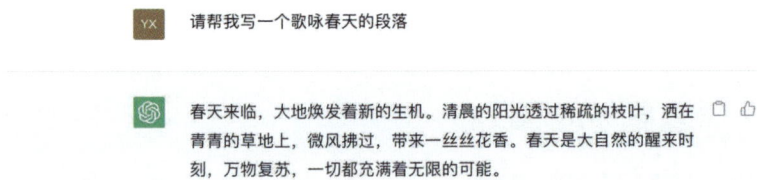

> **YX** 请帮我写一个歌咏春天的段落

> 春天来临，大地焕发着新的生机。清晨的阳光透过稀疏的枝叶，洒在青青的草地上，微风拂过，带来一丝丝花香。春天是大自然的醒来时刻，万物复苏，一切都充满着无限的可能。

图 1.22 ChatGPT 教学：精准关键词

而当我们调整提问方式（图 1.22 所示），对同一个问题采取更精准的描述时，ChatGPT 就能精准捕捉到你的意图，给出满意的答案。

这个小实验告诉我们，尽管 ChatGPT 有猜测用户意图的超能力，但如果我们能通过精准的关键词来提问，就能大大减少被误解的可能，让交流更加高效。

问题要细化

遇到复杂的大问题，别慌，我们可以"分而治之"。这正是利用 ChatGPT 的另一个绝招——逐步细化问题。这样做不仅可以帮助 ChatGPT 更好地理解你的问题，还能让整个对话的方向更加清晰。

尽管拆分问题能让 ChatGPT 更准确地抓住你的意图，可这招也需要点技巧。如果问题被拆得七零八落，那 ChatGPT 可能就会被带偏，结果就可能不尽如人意。在拆分问题的时候，每一步都要紧扣主题，确保每个小问题都是为了解决最终的大问题服务的。就像是解一道复杂的数学题，我们会把它拆成几个小步骤来解，每解决一小步，就离答案更近一点。

对话要耐心

我们还要学会耐心引导 ChatGPT。作为你的新伙伴，ChatGPT 虽然聪明绝顶，但它还不太熟悉你的规则。这有点像是和一个新朋友的磨合过程，适时的引导和反馈能够让这个智能伙伴更好地理解你的"心意"。当 ChatGPT 给出一个不错的回答时，你不妨给予一些肯定；如果回答有误，你也可以友好地指出来。这样一来，ChatGPT 就能从每次对话中学到东西，不断优化以适应你的风格。

现在，你已经掌握了与 ChatGPT 交流的三大妙招：关键词要精准、问题要细化、对话要耐心。运用这些小妙招，相信你和 ChatGPT 之间的互动将会更加流畅，请尽情享受它带来的便利和乐趣吧！

◇ 教你成为 ChatGPT 使用达人

接下来，我们将使用上述技巧对 ChatGPT 提出要求，并结合 Midjourney[1] 生成一幅有意境的艺术画作。

第一步：提出需求

假设我们的目标是创作一幅灵感来源于莫奈《睡莲》的画作。这幅印象派作品用简单的颜色、大胆而细腻的笔触呈现出睡莲迷人的风韵。现在，我们将画作的场景变换成意大利一个色彩斑斓的海边小镇：

一个古色古香的意大利海边村庄，有五颜六色的建筑物、轻轻摇曳的船只和夕阳在水面上的倒影，是克劳德·莫奈的印象派风格，有可见的笔触和斑驳的光。

首先，向 ChatGPT 提出我们的想法，看它会怎么帮我们把这个画面用文字描述出来。

> 一个古色古香的意大利海边村庄，有五颜六色的建筑物、轻轻摇曳的船只和夕阳在水面上的倒影，是克劳德·莫奈的印象派风格，你能想到什么？

🌀 这个场景让我想到了一个典雅而宁静的意大利海边村庄，五颜六色的建筑在夕阳的映照下显得格外生动。你可以想象，柔和的光线洒在古老的石墙上，仿佛在讲述历史的故事。船只在海面上轻轻摇曳，水面反射出暖橙和紫色的光辉，形成了一幅梦幻的画面。

这样的画面让人感受到印象派的魅力：瞬息万变的光影和色彩的交融。或许还有一些当地居民在海边闲聊，享受着温暖的晚风和海浪的低语。这种宁静而生动的气氛，不禁让人心向往之，仿佛时间在这一刻静止，唯有美丽的景色在眼前流转。

图 1.23　向 ChatGPT 提出需求

---

[1] Midjourney 是美国一个从文本到图像的人工智能平台，在 2022 年 7 月 12 日开始首次公测。用户可以通过输入关键词来生成图片。

图 1.23 展示了 ChatGPT 生成的结果。可以看出，它能够准确理解莫奈印象画派的风格意境。在它描述的画面中，几乎涵盖了这张画所要传递的意象。

第二步：细化需求

然后，我们请 ChatGPT 根据这段中文描述总结出一组简洁的英文关键词，这些关键词将直接影响 Midjourney 创作内容视觉效果。同时，我们也对画作的风格进行了明确的要求——以莫奈的印象派风格为灵感来源。

用一些简练的英文单词来描述一下上述场景

Sure! Here's a concise description of the scene using simple English words:

A quaint Italian seaside village, vibrant with colorful buildings and boats. The sunset reflects on the tranquil waters in a Claude Monet impressionist style. Ancient houses nestled by the sea, painted in vivid shades of yellow, blue, green, and pink. Fishing boats line the shore, adorned with unique patterns. The central square hosts a small, lively fountain. Nights bring a mysterious and romantic ambiance with twinkling lights illuminating the village.

图 1.24　向 ChatGPT 提出细化需求

通过图 1.24 的示例，我们看到 ChatGPT 根据我们的细化需求，使用精炼的关键词总结了前文的场景描述。虽然初次尝试未能完全捕捉到印象派的精髓，但我们可以基于它生成的答案给予进一步的引导，以获得更完善且准确的结果。

第三步：进行引导

接下来，我们预设答案，并对 ChatGPT 进行引导。图 1.25

为生成的结果。可以看出，ChatGPT 认同我们的建议，并很快对上一轮对话中的答案进行了矫正，输出了一个更完善的结果。

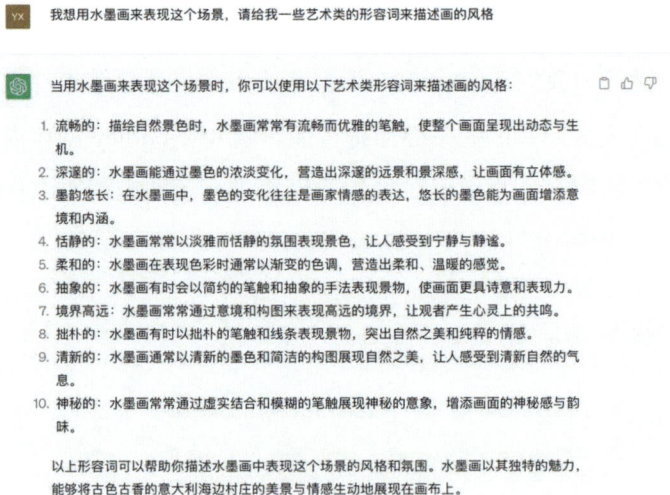

图 1.25　对 ChatGPT 进行引导

至此，我们已获得了足够多的关键词。如果想要让最后生成的图片更加贴近印象派的风格，可以继续向 ChatGPT 提出更为具体的要求。

第四步：生成图片

最后，我们将这些精心挑选和调整的关键词交给 Midjourney 进行 AI 绘画。图 1.26 为 AI 依据关键词初步生成的图片，我们可以从这 4 张图片中选择自己喜欢的一张作为最终作品，也可以依据这 4 张图片继续进行优化。

在这 4 张图片中，左上的图作最接近印象派的风格，但感觉缺少俯瞰小镇的意象，略显紧凑。经过比对，我们选择了右上的图作为最终作品。这张图虽然不够贴近传统印象派的画风，但其包含的意象是最为完整的。

图 1.26　Midjourney 生成的图片

至此，我们使用 ChatGPT 及 Midjourney，在 5 分钟之内生成了一张图片。从艺术角度来看，这张图的意境还不够高远。但对一个毫无绘画基础的人来说，能在 5 分钟内生成这样的图片，他的艺术生产力已经得到极大提高。

第 4 章

学霸也有烦恼

在前面的章节里，我们已经深入探讨了 ChatGPT 的各种优秀性能，从它如何从一堆杂乱的信息中学到有价值的知识，到它在聊天和理解自然语言方面的强大能力，我们用了不少实例来帮大家感受 ChatGPT 的厉害之处。现在，让我们来聊聊，ChatGPT 能让人眼前一亮的原因及其短板。

◇ 不可小觑的性能

ChatGPT 的出现，为自然语言处理的应用场景提供了新的可能，并带来了全新的性能优势。

理解能力相当强。不管你怎样表达，它都能够从你的话语中提取细微的信息，并以敏锐的洞察力深入理解你的意图，从而更好地响应你的诉求。它还能够自动生成符合语法规则的、表达准确的句子，以达到自然的交流效果。

响应速度无可比拟。ChatGPT 可以在几秒钟内进行响应，帮助查询和获取信息，而且不需要人工介入。这大大提高了服务效率，给你的体验大大加分。

智能化程度一骑绝尘。ChatGPT 就像一个兼具智商和情商的伙伴，不管你和它说什么，它都能悟出你的意图，然后给你提供满意的答案。更厉害的是，它还能够分析你们的历史聊天记录，越聊越了解你，回复越来越对你的胃口。

功能还可以定制。ChatGPT 还可以根据用户的实际需求量身定制，选择相应的配置，满足不同需求。并且其具有较高的安全性，可以竭力防止用户的敏感信息泄露，确保用户的数据安全。

◇ 不容忽视的短板

所谓"金无足赤，人无完人"，哪怕优秀的学霸 ChatGPT，也有自己的烦恼和局限。

那么，ChatGPT 有哪些短板呢？例如，数据的偏差、语义理解的狭隘、综述理解的匮乏、特定领域的空白、算力和能耗等（图 1.27 所示）。

▲ 数据的偏差。ChatGPT 是根据训练数据进行训练和生成的。就像人需要吃不同类别的食物来保障营养均衡一样，对于 ChatGPT 来说，它的"营养"就来自于训练它的数据。如果这些数据有偏差或缺乏代表性，比如只来自于某一种语言或文化背景，那么 ChatGPT 在其他语言文化背景下的表现就可能不尽如人意。

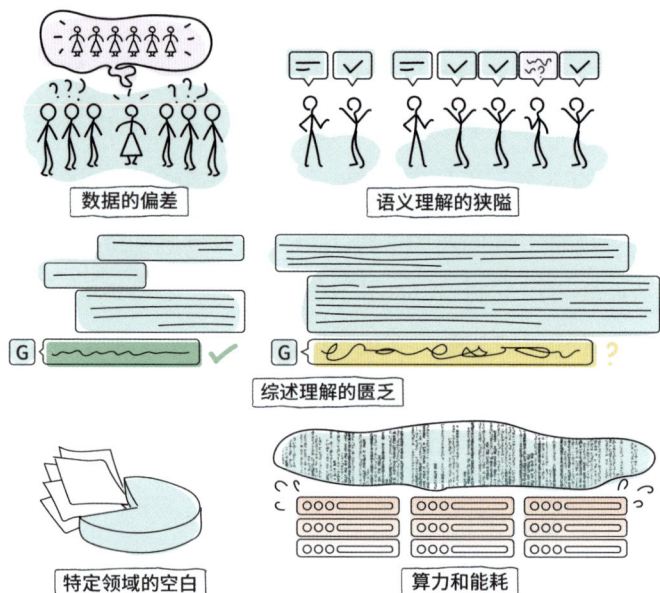

图 1.27　ChatGPT 不容忽视的短板

▲ 语义理解的狭隘。尽管 ChatGPT 擅长模仿人类的语言
模式，但其并不一定真正理解所生成文本的语义。有
时候，它就像是在根据学过的语言规则反复操练，而
不是真的"懂"你的意思。

▲ 综述理解的匮乏。ChatGPT 是一种序列模型，其在生
成文本时考虑的是前面已经生成的内容。也就是说，
虽然 ChatGPT 很擅长跟踪对话，但如果需要在回答中
考虑更广泛的上下文信息，ChatGPT 可能会感到有点
力不从心。这就是为什么有时候它的回答可能与问题
不太相关。

▲ 特定领域的空白。因为 ChatGPT 是基于大规模通用文本训练而成的，所以可能在某些特定领域的专业术语或知识储备方面存在不足。如果需要进行特定领域的任务处理，可能需要对 ChatGPT 进行专门的训练。

▲ 算力和能耗。ChatGPT 是一种大规模模型，需要大量的计算资源和能源来训练和运行。因此，在资源受限的环境下，应用可能会成为一个问题。

虽然 ChatGPT 努力做到多语言通用，但它处理英语的能力远远超过其他语言。对于有较复杂语言逻辑的语种，比如汉语，它有时候会显得有点笨拙。

作为一个基于自然语言处理的大型语言模型，ChatGPT 在数理推理方面的表现也受到其训练数据和模型结构的限制。虽然 ChatGPT 可以理解并回答数学问题，但它的数学推理能力相对较弱。让我们来看一个例子：

图 1.28 是 ChatGPT 对一道数理逻辑题的推理结果，它给出了一个看似合理但错误的答案。

总的来说，ChatGPT 就像是一个多才多艺但偶尔也会犯错的天才学生。它在很多领域表现出色，但也有自己的局限。所以，我们要更好地利用它的长处，同时理解它的短板并保持耐心。

NE 1=5 2=15 3=215 4=2145 那么5=?

观察这个数列，可以发现每一项都是在前一项的基础上进行一些操作得到的。具体地，对于 👍 👎
每一项：

· 如果它是第1项，那么它等于5。
· 如果它是第偶数项（如第2项、第4项等），那么它等于前一项的数字再乘以10加上这一项
  的序号。
· 如果它是第奇数项（如第3项、第5项等），那么它等于前一项的数字再乘以100加上这一
  项的序号。

因此，要求第5项的值，可以根据上述规律计算得到：

· 第4项的数字是2145，它是奇数项，因此第5项的数字应该是它再乘以100加上5，即
  214505。
· 因此，第5项的值为214505。

图 1.28 ChatGPT 进行数理推理 [①]

---

① "1=5"中 1-0=1，且 1 为 2 的 0 次方；"2=15"中 3-1=2，且 2 为 2
  的 1 次方；"3=215"中 6-3=4，且 4 为 2 的 2 次方；"4=2145"中
  2+1+4=6，且 x-6=8。根据不完全归纳法，推断应为 2 的 3 次方即 8，所以
  5 的形式应该为"5=214y5"，求得：x=15，所以有 y=15-6=8，所以可推
  断"5=21485"。

第二部分

ChatGPT之能工巧匠

在我们的工作、学习当中，能够拥有像 ChatGPT 这样的 AI 朋友是不是很酷呢？未来，或许每个人都会拥有一个或多个机器人助手，这样会不会造就一个不一样的世界？

在日常工作中，我们总有各种各样的问题需要解答。如果有一个 AI 助手随时待命，那么无论何时提问，总能迅速收到来自 AI 的回答。简而言之，ChatGPT 就是这样一种智能对话系统。现在，像智能客服、智能助手这样的应用已经变得越来越普遍。它们背后的秘密，就是内置了大量的智能对话库。

这一部分，我们将探讨 ChatGPT 作为我们日常生活中的智能助手，它是如何进行对话的？它又是怎样不断进化的？以及最重要的——它如何帮助我们？浅浅地期待一下吧。

第 5 章

智能对话系统

语言是人类交流的重要工具之一。因此，人工智能领域的一个长期目标就是改善人与机器之间的交流，让机器能够模拟人与人之间的自然对话。

为了实现这个目标，智能对话系统应运而生。

那么，什么是智能对话系统？智能对话系统是怎么组成，又是如何工作的呢？

◇ 文字对话三步走

要让一个机器能和人聊天，首先得教会它"读懂"文字。对我们来说，学习语言是从听和说开始的，但对于机器来说，一切都得从学习文字开始。文字是组成 AI 对话的最基本单位。就像婴儿学说话一样，AI 想要"说话"也得从头开始，要经过大量的文字资料训练，才能慢慢学会"对话"。

从文字开始

机器该如何理解文字的含义，又该如何通过文字知晓指令呢？面对一串又一串的文字，没有大脑的机器是如何处理文字，并进行"思考"的呢？想要弄明白这些问题，那就必须引入一个计算机界的概念——自然语言处理（NLP）。

自然语言处理是一项让计算机能够理解和处理人类自然语言的技术，听起来有点高大上，但其实它就像是给电脑安装了"听懂文字的耳朵""处理文字的大脑"和"组织文字的嘴巴"。

想要让机器理解人类的语言，听起来简单，实则超级复杂。人类的语言丰富多彩，变化无穷，就连人和人之间沟通都会出现误会，更不用说让机器来理解了。因此，文字认知是自然语言处理的重要环节之一。

文字认知涉及多种技术，如词性标注、句法分析、语义分析等，这些技术需要机器能够对语言中的词汇、句子结构、上下文语境和情感色彩等进行深入分析和充分理解，如此才能准确地识别和处理文字。

举个例子，当处理文本"小明是一个好学生，他总是在课堂上积极参与"时，机器可根据三个步骤来进行解读（图2.1所示）：

▲ **分词处理**——机器用来"解剖"文本元素的方式，就像是把一串珍珠项链拆成一颗颗小珍珠。这里，"小

小明是一个好学生,他总是在课堂上积极参与

分词处理

小明　是　一个　好学生　,　他　总是　在　课堂上　积极参与

句法分析

| 小明 | 是 | 一个好学生 | 他 | 总是 | 在课堂上 | 积极参与 |
| 主语 | 谓语 | 宾语 | 主语 | 副词 | 介词短语 | 动词短语 |

语义分析

小明是一个好学生　　他总是在课堂上积极参与

小明是一个学习习惯优良的学生　　他在上课时非常积极地参与

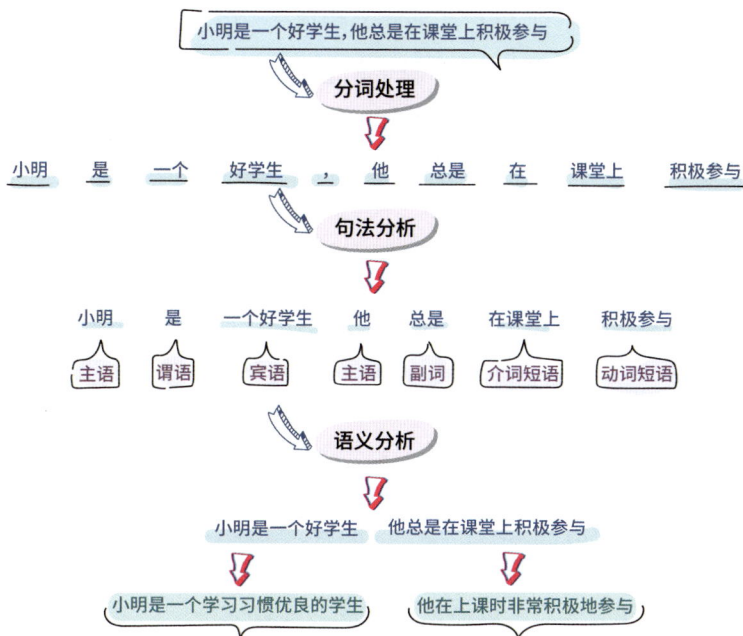

图 2.1　机器的文字认知

明""是""一个"等，每个词或标点符号都被机器细致地分开，为进一步的分析做准备。

- ▲ **句法分析**——机器用来探索每个单词的词性和其在句子中作用的方法，就像在珍珠之间重新穿线，找出它们之间的联系。例如，"小明"是主语，"是"是谓语，"一个好学生"是宾语，"他"是主语，"总是"是副词，"在课堂上"是介词短语，"积极参与"是动词短语。

- ▲ **语义分析**——机器用于确定句子的含义和上下文信息的方法。例如，为什么"小明是一个好学生"？因为

后文说"他总是在课堂上积极参与"，这也表示小明有良好的学习习惯等隐含信息。这一步就像是给珍珠项链加上光泽，让整条项链的审美感显现出来。

通过这样的处理，机器就能理解和回应我们的语言了。

在我们的日常生活中，文字认知在很多领域都有着重要应用，如智能客服、智能翻译、搜索引擎优化等。但这项技术并不是万能的，它也有短板。多语言处理、领域适应性、上下文理解……这些都是文字认知技术未来需要继续攻克的难题。

从文字到句子

单凭文字认知，机器是难以成为语言大师的，它还需要对句法分析加以修炼。机器在学习语言时，就像是在玩拼图。每个词语都是一小块拼图，而句法分析就是让机器学会怎样正确拼接这些小块，最终揭示整幅图案的秘密。

比如，"我很想你""你很想我""很想你我"这三句话，虽然词语元素一样，但不同排列会产生截然不同的含义。对于机器来说，要让它理解这种微妙的差别，并正确"拼接"出句子，就需要句法分析——识别句子中的语法和结构。

为了实现这个目标，我们通常使用"句法分析技术"。这个过程就像是告诉机器：哪些词是动词，哪些词是名词；哪个是主语，哪个是宾语；哪些词应该紧挨在一起，哪些词之间应该用逗号分隔。这就是句法分析的要义之所在。

机器学习句法分析的方法主要有两种：短语结构分析和依存关系分析。

▲　**短语结构分析**是将句子分解为一个个的短语，识别出短语之间的嵌套和修饰关系。例如，在句子"小明正在学习自然语言处理"中，短语结构分析可以将其分解为"小明""正在学习""自然语言处理"三个短语。

▲　**依存关系分析**则是识别句子中的各个词语之间的依存关系，以及它们之间的修饰关系。例如，在句子"小明正在学习自然语言处理"中，"正在"是动词"学习"的修饰语，"自然语言处理"是动词"学习"的宾语。

句法分析是机器语言处理中非常重要的技术，可以帮助机器更加准确地理解句子中的语法信息和含义，为后续的自然语言处理任务提供更为可靠的基础，实现了机器理解语言从文字到句子的跨越。

从句子到对话

将句子串联成对话，就像编创一首精彩的交响乐。每个句子，就是乐章中的一个音符，单独看可能平淡无奇，但恰当的组合，便能奏出扣人心弦的旋律。因此，从句子到对话的转换是自然语言处理中的一个重要环节。那么，机器是如何把看似零散的句子组织成一段流畅的对话呢？

在这个环节中，机器需要对句子进行分析和解释，理解其含义和上下文，然后将其整合到一个完整的对话中。

假设机器得到了以下两个句子：

▲ 1. 我今天去了游乐场。
▲ 2. 天气非常好，阳光明媚。

这两句话，一句说的是去了哪里，一句说的是天气如何，看似没有联系，但如果我们把这两句话放进自然语言处理的"大脑"里，机器会怎么处理呢？它会先理解每句话的含义，然后找出它们之间的联系，最后"编排"出一段双人对话。就像下面这样：

▲ A：你今天去了哪儿？
▲ B：我今天去了游乐场。
▲ A：天气怎么样？
▲ B：天气非常好，阳光明媚。

这样，两句话被编织成了一段自然的对话。通过这样的处理，机器帮我们描绘出了一个阳光明媚的游乐场日常，让人仿佛身临其境。

从句子到对话的转换是自然语言处理中的一个重要环节，这种能力不仅仅让机器能够理解每句话的意思，还能让机器学会"聊天"，让人机互动变得更加自然和流畅。

◇ 早期的"伊丽莎"们

如今拥有全能 ChatGPT 的我们，难免会觉得前期的智能对话系统较为简单。但它们作为现代智能技术的前身，推动了自然语言处理和人工智能技术的发展，并为今天的智能对话系统的研究和应用打下了基础。苹果的 Siri、小米的小爱同学、阿里巴巴的天猫精灵……这些都是我们耳熟能详的几个语音助手，只需一句话，就可以召唤出专属于你的 AI 助手。不仅这些 AI 助手，甚至更早的智能对话系统也值得我们深究。

下面让我们一起来看看在 ChatGPT 诞生以前，有哪些具有代表性的早期智能对话系统吧。

Eliza——初探人机对话

1964 年，由约瑟夫·维森鲍姆（Joseph Weizenbaum）开发的 Eliza（伊丽莎）计算机程序，是最早的人工智能聊天机器人之一，成了对话系统的先驱。

Eliza 设计得像一个心理治疗师，通过模拟人类心理学家的"非指导性对话"方式，与用户进行交流。Eliza 程序的核心思想是，将用户的输入转换为问题，并尝试回答这些问题，从而模拟真实对话的过程。总体来说，Eliza 是一个有趣而又具有挑战性的项目，它展示了一种模拟人类对话的方法，这种方法已经成为人工智能领域的重要研究方向。

SHRDLU——与虚拟世界互动

20 世纪 60 年代末期，SHRDLU 作为一款由麻省理工学院人工智能实验室开发的程序，引入了与虚拟世界中对象互动的概念，是早期智能对话系统的杰出代表之一。用户可以通过自然语言指令让 SHRDLU 在一个简单的虚拟环境中执行任务，如移动、堆叠物体等。

SHRDLU 使用的是基于规则的推理系统，能够根据用户的问题和命令推断合适的回答和行动，也能够进行当前场景下的对话。

SHRDLU 的成功在于它引入了自然语言处理和人工智能的概念，如语义网络、形式语言和基于规则的推理。它也为今天的对话系统和自动问答系统提供了灵感和借鉴，为智能机器人、语音助手等应用提供了基础。

Parry——模拟复杂心理状态

1972 年，美国心理学家肯尼思·科尔比（Kenneth Colby）开发的 Parry（帕里）代表了智能对话系统的又一次进步。Parry 是早期智能对话系统中的一款经典程序，它模拟了一个患有妄想症的病人，与使用者进行"疯狂"的对话。

Parry 的表现在当时引起了广泛的关注，它通过一组预设的规则来生成回应，展现了一种逼真模拟特定心理状态之人的技术，但这也引发了关于机器模拟人类心理状态的伦理讨论。

尽管 Parry 是早期智能对话系统的杰作之一，但它的局限性也显而易见。它只能模拟妄想症患者的行为，而无法处理其他类型的对话。此外，它的回复是基于预先设定的规则生成的，这意味着它无法真正理解自然语言，而只是通过模拟实现了一种表面上的语言交流。

"大脑"系统——模拟人类思维方式

1997 年，中国科学院自动化研究所推出的"大脑"系统，作为当时的尖端技术，试图模拟人类的思维方式，让机器能够通过自然语言理解和智能推理来解答用户的提问或执行指令。

"大脑"系统在智能客服、智能回答和自然语言处理等领域展示了它的潜力，但与今天的智能对话系统相比，它在交互自然性和智能程度上仍然有很大差距。

◇ 对话机器人来也

释义 2.1：智能对话机器人

　　智能对话机器人是一种使用自然语言处理技术和人工智能算法构建的系统，目的是与人类进行类似对话的交互。这些机器人能够识别语音或文字输入，并以自然语言形式生成响应。

智能对话机器人的核心技术——自然语言处理，经历了从规则基础到深度学习的演进。这一进步不仅增强了机器人的理解和回应能力，还拓宽了它们的应用范围，涵盖了从知识图谱支持的问答系统到任务导向对话系统，再到情感计算的尝试。

市面上一些知名的智能对话机器人，如 Siri 等，都是通过深度学习等技术进行训练和优化的，可以实现更加智能化的对话交互。从 1995 年至今，我们见证了一系列智能对话机器人的问世，它们各具特色（图 2.2 所示）。

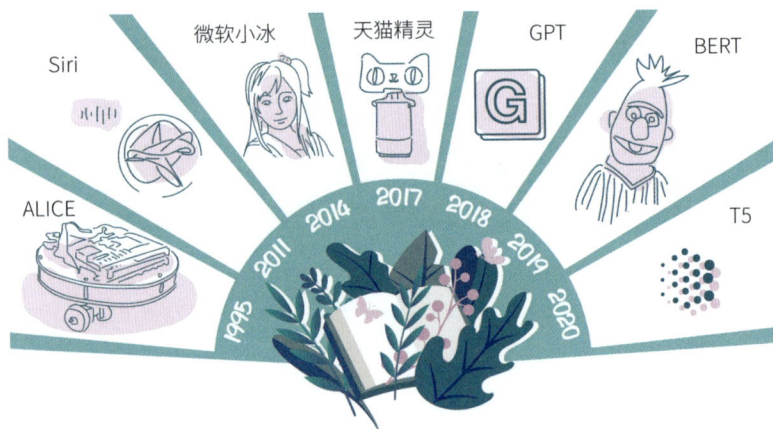

图 2.2　智能对话机器人

1995 年 ALICE 机器人

1995 年，美国计算机科学家理查德·华莱士（Richard Wallace）创建了 ALICE 机器人，它是一个智能对话系统，能够模拟人类与机器人之间的自然语言对话。

ALICE 不是普通的机器人，它能与人聊天——解答疑惑、执行命令，甚至提供娱乐。更酷的是，ALICE 是一个开源的工具，意味着任何人都可以参与改造它，这也使 ALICE 成为智能对话系统领域的重要代表之一。

2011 年 Siri

2011 年，苹果公司推出了一位名叫 Siri 的新朋友，将它内置于 iPhone 4S 中。Siri 使用自然语言处理和语音识别技术来理解你说的话，并帮你完成各种任务，如设置提醒、发送短信、查询天气等。

Siri 的技术背后，是一整套复杂的系统，包括语音识别、语义理解、对话管理和文本转语音技术。这些技术让 Siri 不仅能听懂你的话，还能理解你的意图，并与你保持自然流畅的对话，而这一切奇妙的开启只需要我们说一声："嘿，Siri。"

2014 年微软小冰

2014 年，微软公司推出了一款智能对话系统——微软小冰。小冰最初亮相于中国，很快就以聪明和亲切的虚拟女孩形象赢得了"民心"。她能通过文字和语音与你交流，像一个了解你的朋友一样陪伴你。小冰的特别之处在于，她能感知到你的情绪变化，并以最适合的方式回应你，给你带来真正的人性化体验。

小冰的应用场景也非常广泛，包括智能家居、客户服务、娱乐等，同时还被用于情感辅助、心理治疗等领域。

2017 年天猫精灵

2017 年，阿里巴巴集团推出了一款智能音箱——天猫精灵（Tmall Genie）。它搭载了人工智能语音助手 AliGenie，能够接收你的语音指令，无论是播放音乐、控制家中的智能设备，还是设定闹钟、播报新闻，它都能帮你轻松完成，简直就是家中的智能小管家。

想调节家里的灯光亮度？或者调低空调温度？只需对天猫精灵说出你的指令，一切就搞定了。它不仅让智能家居控制变得简单便捷，还能通过语音让你享受便利的在线购物体验。

◇ 其实都是对话模型

释义 2.2：智能对话模型

智能对话模型是一种基于自然语言处理技术的人工智能应用，能够与人类进行自然语言交互，并实现特定任务。这类模型通常基于大规模的语料库进行训练，并利用机器学习算法不断优化自身的表现。

智能对话模型通常有两种类型：检索型和生成型。

检索型模型基于一定的规则或知识库进行匹配和回复。它就像是个巨大的问答库，你问一个问题，它就在库里找找有没有合适的答案。这种模型的优点是回复又快又准，但如果你的问题超出了"库存"范围，那它就无能为力了。

生成型模型则采用深度学习算法生成回复，通常基于神经网络模型，如基于 Transformer（一类纯粹基于注意力机制的神经网络算法）架构的模型。这类模型的优点是能够进行灵活应答，就好像你向它抛出一颗种子，它就能让种子生根发芽，长成枝繁叶茂的大树。不过，这棵树的生长需要海量的语料库的滋养和强大算力的支持。

智能对话模型正逐步成为我们生活中不可或缺的一部分，它们不仅能解答我们的疑问，还能陪我们聊天、给我们解闷。随着技术的不断进步，智能对话模型越来越接近真实的人类交互，从而为我们带来更为便捷的服务和体验。接下来，我们来看看当下主流的智能对话模型吧！

2018 年 ChatGPT 模型

2018 年，OpenAI 发布了首个 GPT 模型 GPT-1，标志着自然语言处理领域一个新的起点。这个初代模型虽然是个新生儿，但它展示了巨大的潜力：能够根据大量的文本数据学习，然后生成自然而流畅的文本。GPT-1 就像一个初学者，渴望吸收更多知识，以便更好地与人类进行沟通。

2019 年，OpenAI 又带来了 GPT-1 的进阶版——GPT-2。这版的模型不仅参数数量大幅增加，其语言生成的能力也得到了显著提升。GPT-2 能够生成更加复杂、更加接近人类水平的文本，从而在多个自然语言处理任务上取得了突破性的成果。它不仅能够回答问题，还能编写文章、创作诗歌，甚至编写简单的代码。GPT-2 成功推动了预训练语言模型技术的发展，也为自然语言处理领域带来了新的思路和可能性。

2019 年 BERT 模型

2019 年，谷歌公司推出了名为 BERT（Bidirectional Encoder Representations from Transformers）的模型，成为自然语言处理领域的一次重大突破。BERT 是一种预训练模型，它可以自动学习自然语言中的上下文信息，是自然语言处理中最先进的模型之一。

BERT 在多个自然语言处理任务上表现卓越，如问答系统、文本分类和命名实体识别等，其精确度和效率都达到了新高度。BERT 不仅推动了自然语言处理技术的进步，也为搜索引擎、推荐系统等多个领域带来了新的可能性，为我们展示了一种更加智能、更加理解人类的技术，打开了通向未来技术世界的大门。

2020 年 T5 模型

T5（Text-to-Text Transfer Transformer）是谷歌公司在 2020 年推出的一款基于 Transformer 架构的自然语言处理模型。T5 不仅是当前最大的神经网络模型之一，拥有高达 110 亿的惊人参数，还能够自如地处理几乎所有的自然语言处理任务，如机器翻译、问答系统、文本摘要等。无论是在机器翻译中准确地传达语言的细微差别，还是在问答系统中迅速找到精确答案，或是在文本摘要中高效抓取关键信息，T5都表现得无比出色。这使得T5不仅是一项技术突破，更是自然语言处理领域的一座里程碑。

通过了解这些智能对话系统的发展历程，我们不仅能看到技术的进步，还能感受到人工智能如何一步步走近并改变我们的生活。只有更好地把握智能对话的发展趋势和未来发展方向，我们才能以更好的状态迎接挑战和机遇。

第 6 章

智能技术之于 ChatGPT

人工智能是 ChatGPT 依赖的核心技术之一。准确来讲，ChatGPT 的大放异彩得益于人工智能领域中的前沿技术：深度学习和强化学习。不过，这些技术也带来了挑战——需要强大的算力来支撑。好在现代技术发展得飞快，云计算和边缘计算来帮忙啦！

◇ 你知道深度学习吗？

可能你已经多次听说过深度学习，但你知道它到底是怎样一种技术吗？

释义 2.3：深度学习

深度学习是一种机器学习的分支，它是试图使用包含复杂结构或者由多重非线性变换构成的多个处理层对数据进行高层抽象的算法。

简单来说，深度学习就是让机器通过大量数据来学习如何认识这个世界。它是一种特殊的机器学习方法，通过模拟人脑的工作方式，使计算机能够识别复杂的模式和数据。深度学习在很多领域都有应用，尤其是在帮助机器理解我们的语言上，它的作用是不可或缺的。

让我们用一个简单的例子来解释 ChatGPT 是如何处理问题的。比如你问它"今天天气如何"，ChatGPT 处理该问题的流程如下：

▲ **数字序列**：首先，ChatGPT 会把你的问题进行分词、词向量化和位置编码等处理，并转换为数字序列。例如"今天天气如何"可能被转换为 [23, 56, 789, 23, 90] 这样的数字序列。

▲ **编码处理**：然后，ChatGPT 会用深度学习模型对上一步生成的数字序列进行编码处理，试图利用"自注意力机制"和"多头注意力机制"等技术来理解问题中的关键信息。例如，它认识到你在问关于"今天"和"天气"的事情。

▲ **生成回复**：接着，ChatGPT 会利用解码器来生成回复，在这个过程中解码器会利用"自注意力机制"和"前馈神经网络"等技术来生成回复文本。例如，它可能会考虑到之前的对话内容，并在回复中使用相关的措辞，使回复更加自然、连贯。

▲ **文本转换**：最后，ChatGPT 将解码器生成的回答转换为我们能看懂的自然语言。在这个过程中，ChatGPT 还会使用语言模型来优化生成的回复，使最终的回答更加符合自然语言的规则和结构。

这个过程听起来是不是很酷？这就是深度学习技术的神奇之处。通过大量的数据训练，ChatGPT 学会了如何理解我们的语言，并且能够用自然而流畅的方式回答我们的问题。这不仅仅是一项技术革新，更是开启了人机交互的新篇章。

◇ **浅谈强化学习**

还有比深度学习段位更高的技术，这就是强化学习。如果 ChatGPT 是个游戏玩家，强化学习就是它不断挑战关卡、学习如何成为游戏高手的过程。

释义 2.4：强化学习 ▪▪▫

强化学习是一种基于智能体和环境交互的机器学习方法，目标是通过尝试不同的动作，使智能体在环境中的累积奖励最大化。其目的是让智能体能够在与环境的交互中逐渐提高性能，从而实现某种目标。

换句话说，强化学习是一种让机器通过"试错"来学习的方法。它的核心思想很简单：做得好就奖励，做得不好就惩罚。通过这种方式，ChatGPT 可以不断地学习和进步，最终成为一个聊天高手。

具体来看，ChatGPT 的强化学习模型由三部分组成：**状态**、**动作**和**奖励**。在这个模型中，输入的问题会作为**状态**，ChatGPT 的回答会作为**动作**，而用户的反馈则会作为**奖励**。ChatGPT 会根据当前状态选择一个动作，并接收一个奖励，然后更新其策略以提高未来的预期奖励。ChatGPT 通过反复尝试，不断调整其策略，从而逐渐提高其回答的准确性和满意度。

$$reward = function (state, action)$$
$$奖励　=　函数　（状态，输入）$$

图 2.3　强化学习模型

例如，当你问"法国的首都是什么"时，ChatGPT 的强化学习模型将生成的回答"巴黎"输出。如果你对这个回答满意，ChatGPT 将接收到一个正奖励，表明它的回答是正确的。如果你对回答不满意，ChatGPT 将接收到一个负奖励，表明其回答不够准确或不够完整。ChatGPT 将使用这些奖励来调整策略，从而提高其回答问题的质量。

在 ChatGPT 中，强化学习可以与生成模型结合使用，提高生成回复的质量和连贯性。此外，强化学习还可以用于解决一些对话中的特定问题，如多轮对话中的对话状态跟踪、对话策略生成等问题。总之，强化学习让 ChatGPT 变得更加聪明，不仅能生成更加自然流畅的对话，还能提高对话机器人的智能程度。

◇ 恼火源于算力？

在这个快节奏的数字时代，什么事情最能把你逼疯？是不是那种长达 460 毫秒的游戏延迟，让你连反击的机会都没有！或者是卡在 99% 等待"半个世纪"的下载进度条？又或者是那些怎么也刷不出来的网页，和突然卡顿的视频，让你的热情瞬间熄灭？

是的，这些烦恼听起来都太熟悉了。在我们享受网络带来便捷的同时，这些问题就像是不请自来的客人，打乱了我们的节奏。这些问题背后的罪魁祸首其实是同一个——算力不足。

无论是多么有创意的概念，还是构架再优秀的网络产品，如果背后没有足够的算力支撑，那么所有的努力都可能付诸东流。互联网行业的竞争，很大程度上就是一场算力的较量。而要想在这场较量中脱颖而出，关键就在于我们即将讨论的两个概念——云计算和边缘计算。

在我们与 ChatGPT 的交流过程中，每一个问题的解答背后，都隐藏着大量的数据运算和处理。这些庞大的计算任务，需要强大的计算能力和存储资源，而云计算可以提供高效的计算和存储服务。在 ChatGPT 的运行中，云计算起到了举足轻重

释义 2.5：云计算与边缘计算

　　云计算是一种通过互联网提供计算资源和存储服务的模式，具有弹性伸缩性和付费模式灵活等优点。

　　边缘计算则是一种将计算和存储资源推向网络边缘的新型计算模式，通过在网络边缘的智能设备上执行计算任务，从而避免了数据中心传输数据和处理延迟等问题。

的作用。

　　比如，一个看似简单的问题"这个周末天气好吗"，ChatGPT首先需要进行云计算，即将这个问题传递到云端服务器上，那里的模型可以利用强大的计算资源和存储资源，对这个周末的天气进行深度学习、构建相关的知识图谱并进行大数据技术的处理，搜索最相关的答案以生成最佳的回复，比如："这个周末的天气是晴朗的，温度在 20 度左右。"

　　如果我们需要即时的反馈，仅仅依靠云计算可能会面临延迟和不稳定性问题。这时，边缘计算技术就派上了用场。边缘计算可以在用户设备本地进行部分数据处理，这样不仅减少传输数据到云端的时间，还能在没有网络连接的情况下快速给出响应。比如，当你用智能音箱提问时，音箱可以直接在本地处理你的问题并迅速回答，无需长时间等待，大大提高了体验的流畅度和即时性。

　　这种混合云计算和边缘计算的方式在 ChatGPT 中扮演着至关重要的角色，它们的应用可提高 ChatGPT 的性能和效率。在

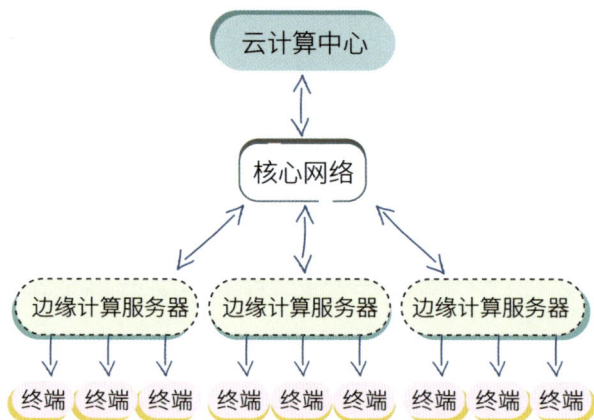

图 2.4　云计算与边缘计算

保证系统响应速度的同时，也能够处理更加复杂的问题，提升
ChatGPT 的智能水平和用户体验。

第 7 章

ChatGPT 的生活指南

随着 ChatGPT 的崛起，人们发现了使用生成式人工智能模型提升日常生活品质和工作效率的新途径。如果我们只是用它来代替传统的搜索引擎，那简直是浪费了 ChatGPT 的潜力。

各大社交媒体平台上的博主们纷纷展示他们在生活中如何利用 ChatGPT，从辅助完成学校作业到编辑引人入胜的视频文案，再到精心制作各类表格和分析数据，ChatGPT 都展现了强大的功能。甚至有人尝试用它来预测彩票结果，当然我们得声明，这种用法并不靠谱，也不推荐尝试！

尽管如此，可能还有很多人未曾亲身体验 ChatGPT 的强大。随着更多国内的大型 AI 模型不断涌现，生成式人工智能无疑将深入我们生活的各个角落，开启我们智能生活的新篇章。

◇ 轻松愉快的家庭作业

面对堆积如山的家庭作业和密集的补习班，我们不禁感叹：学习之路何时才能少些压力、多些乐趣？每位学生都渴望不被沉重的学业负担拖累，能有更多空间去挥洒自己的想象力和创造力。幸运的是，随着 ChatGPT 这样的 AI 技术的出现，这一切正在成为可能。

如果将那些令人头疼的作文题目交给 ChatGPT 处理，它能瞬间为你构思出丰富且多角度的文章草稿。这并不意味着我们要一味地复制粘贴，而是要在与这位 AI 学霸的互动中，吸收学习不同的思维方式和表达技巧，发现并弥补自己的不足之处，从而促使自己在写作能力上得到实质性的提高。

同样，这也适用于其他学科的学习。无论是校对作业，还是深入解析阅读材料，ChatGPT 都能提供帮助。只要我们学会灵活运用这个工具，ChatGPT 就能成为我们成长道路上的贴心助手。

通过 ChatGPT 的辅助，我们可以更有效率地完成学习任务，从而释放出更多的时间去探索个人兴趣、培养特长，乃至享受生活的美好。

◇ 走入家门的小百事通

现在，智能家居已经不再是遥不可及的梦想。在很多家庭中都能找到一个小巧的音箱，它能在你需要的时候播放悠扬的音乐，营造出温馨的氛围。

一旦你的家中添置了 ChatGPT 加持的智能助手，生活的方方面面都将因它而变得不同。无论你是想了解世界发生的新鲜事，还是寻求简单的生活小窍门，都只需要一声呼唤。有谁不喜欢这样的小百事通呢？

每当我们推开家门的那一刻起，所有的紧张和疲惫仿佛都随风而去。家，这个我们最放松的避风港，因为 ChatGPT 的存在而更加温暖。它能根据我们的诉求，在客厅的投影屏上放映我们期待的影像。如果将 ChatGPT 下放到厨房，随着各式智能家电的加入，烹饪也变得简单而快乐。ChatGPT 不仅能提供营养搭配建议，还能根据我们的口味偏好推荐美食食谱，让每一餐都成为享受。

随着 ChatGPT 在我们家庭生活中扮演的角色越来越重要，它逐渐从一个信息提供者转变为家庭中的一员，给我们的生活带来了前所未有的便捷和温馨。

在接下来的章节里，我们将深入探讨 ChatGPT 背后的科技原理，看看 ChatGPT 如何用科技的力量，让生活变得更美好。

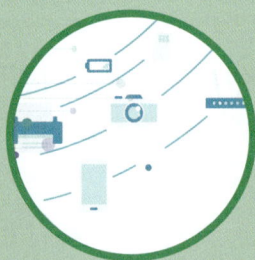

第三部分

随处可见 ChatGPT

ChatGPT 的横空出世，不仅让人们对 AI 技术重新燃起了激情，而且打开了生成式 AI 在各领域应用的大门。不管是教育、医疗、娱乐还是服务业，生成式 AI 已经悄悄走进了我们的生活，变得无处不在。这一部分，我们就来聊聊，从校园到工作场景里 ChatGPT 扮演的各种角色以及发生的各种精彩故事。

第8章

校园风暴

　　2022 年底，在欧美国家的大学校园中，开始流行使用 ChatGPT 帮写作业。在美国，北密歇根大学的一名学生使用 ChatGPT 生成的哲学课小论文"惊艳"了教授，得到了全班最高分。2023 年 1 月，在线课程供应商 Study.com 针对美国 1000 名 18 岁以上的学生展开的一项调查显示，89% 的学生承认使用 ChatGPT 做家庭作业，53% 的学生使用 ChatGPT 写论文，48% 的学生使用 ChatGPT 完成测试。

　　ChatGPT 之所以受欢迎，归功于它那令人叹为观止的文本生成能力，让学生可以轻松快速地完成学习任务。这股热潮很快席卷了整个教育界，让人们开始思考，ChatGPT 究竟应该在教育中扮演什么样的角色？ ChatGPT 到底将如何帮助教育行业发展？教育界对 ChatGPT 应该持有支持的态度，还是反对的态度？ ChatGPT 应不应该辅助学生完成功课？这些问题都值得我们深思。

◇ **教学革命第一枪**

教育心理学家们对于学习的过程有各种解释，从知识的积累到信息的记忆与应用，从给事物赋予意义到连接理论与现实，或者是通过理解信息来更好地认识世界。学习，不就是我们从身边的人、事、物中获取知识和技能的过程吗？如果这种学习过程能通过现代技术加以传递，那会是一种怎样的体验呢？

从20世纪60年代开始，人们就尝试用计算机来辅助教学。到了90年代，随着个人电脑和互联网的普及，各种复杂的教育软件如雨后春笋般出现。但这些软件通常只提供固定的内容，缺乏个性化的指导。

进入21世纪，AI技术的快速发展为教育带来了革命性的变化。AI教育工具不仅能根据学习者的需求提供定制化内容，而且可以提供个性化学习和自动化管理任务，实现真正的自适应学习。

一些教育学家在探索科技迅速发展对教育的影响，并预测人工智能是否将成为辅助教学的重要工具。一项在印度拉贾斯坦邦的一所大学中进行的调查数据显示，人工智能的应用能够显著提高学生的学习能力。越来越多的人认同AI在教育领域具有巨大潜力，它不仅能提供高质量教育资源，还能在学习过程中提供个性化指导。

ChatGPT正是AI在教育领域进步的缩影。它能根据学

生的个性化需求提供帮助，从解题思路到学习资料，甚至能
直接回答问题。这样的互动不仅使学生学习更高效，也增加
了乐趣。同时，ChatGPT 也能助力教师更好地规划课程和设
计教学方法，推动教育品质的提升。那么，ChatGPT 在教育
领域究竟扮演了哪些角色，又开启了怎样的可能性呢？我们
一起继续探索吧。

智能测评　　个性化学习

智能助教　　教学辅助

图 3.1　ChatGPT 在教育领域扮演的角色

▲　智能助教——ChatGPT 可以成为你的私人助教。无论
　　你是在深夜里突然想到的一个数学难题，还是对某个
　　哲学问题产生好奇，ChatGPT 都能迅速给出答案和解
　　释。它就像一个 24 小时待命的知识库，帮助你随时随

地学习新知识。

▲ 智能测评——ChatGPT 还可以用于智能化学习测评。通过一系列的交流对话，它能够评估你的知识掌握情况，然后提供个性化的学习报告。这就像镜子一样，让你清晰看到自己的长处和短板，助你自我提升。

▲ 个性化学习——每个人的学习节奏和兴趣都不同，ChatGPT 能够洞察你的学习进度和习惯，为你定制个性化的学习计划，并提供具有针对性的学习资源和指导。ChatGPT 还可以通过对话交流，了解你的学习需求和兴趣爱好，让学习变得高效又舒适。

▲ 教学辅助——对于教师而言，ChatGPT 是个宝库。从准备教案到提供教学素材再到教学反馈，它都能提供强大的支持，让教学变得更加轻松、高效。

通过这些功能，ChatGPT 不仅让学生和教师之间的沟通更加顺畅，还能提升学习和教学的效率和质量。结合先进的知识图谱和推荐系统等技术，ChatGPT 正逐渐成为教育领域里的一颗新星，为师生带来全新的学习和教学体验。

看看图 3.2 中的案例，我们就能发现 ChatGPT 是如何细致地向教师提供学习建议和教学辅助的。而这只是 ChatGPT 在教育领域应用的冰山一角，未来它还会为我们呈现更多可能性。

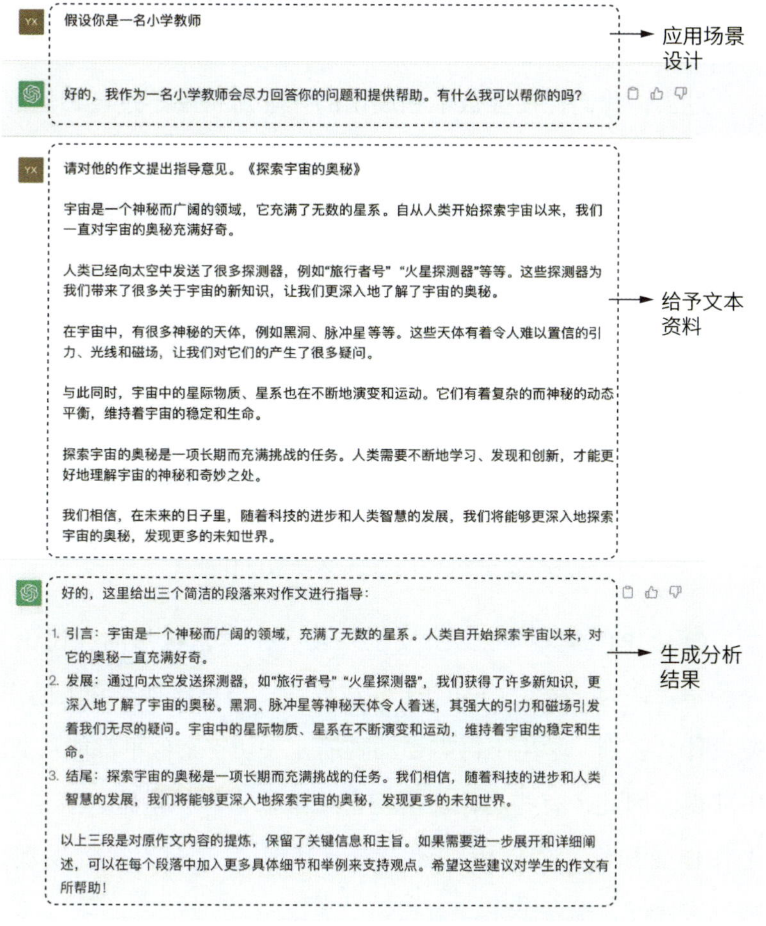

YX　假设你是一名小学教师

——▶ 应用场景
　　设计

好的，我作为一名小学教师会尽力回答你的问题和提供帮助。有什么我可以帮你的吗？

YX　请对他的作文提出指导意见。《探索宇宙的奥秘》

宇宙是一个神秘而广阔的领域，它充满了无数的星系。自从人类开始探索宇宙以来，我们一直对宇宙的奥秘充满好奇。

人类已经向太空中发送了很多探测器，例如"旅行者号""火星探测器"等等。这些探测器为我们带来了很多关于宇宙的新知识，让我们更深入地了解了宇宙的奥秘。

在宇宙中，有很多神秘的天体，例如黑洞、脉冲星等等。这些天体有着令人难以置信的引力、光线和磁场，让我们对它们的产生了很多疑问。

与此同时，宇宙中的星际物质、星系也在不断地演变和运动。它们有着复杂的而神秘的动态平衡，维持着宇宙的稳定和生命。

探索宇宙的奥秘是一项长期而充满挑战的任务。人类需要不断地学习、发现和创新，才能更好地理解宇宙的神秘和奇妙之处。

我们相信，在未来的日子里，随着科技的进步和人类智慧的发展，我们将能够更深入地探索宇宙的奥秘，发现更多的未知世界。

——▶ 给予文本
　　资料

好的，这里给出三个简洁的段落来对作文进行指导：

1. 引言：宇宙是一个神秘而广阔的领域，充满了无数的星系。人类自开始探索宇宙以来，对它的奥秘一直充满好奇。
2. 发展：通过向太空发送探测器，如"旅行者号""火星探测器"，我们获得了许多新知识，更深入地了解了宇宙的奥秘。黑洞、脉冲星等神秘天体令人着迷，其强大的引力和磁场引发着我们无尽的疑问。宇宙中的星际物质、星系在不断演变和运动，维持着宇宙的稳定和生命。
3. 结尾：探索宇宙的奥秘是一项长期而充满挑战的任务。我们相信，随着科技的进步和人类智慧的发展，我们将能够更深入地探索宇宙的奥秘，发现更多的未知世界。

以上三段是对原作文内容的提炼，保留了关键信息和主旨。如果需要进一步展开和详细阐述，可以在每个段落中加入更多具体细节和举例来支持观点。希望这些建议对学生的作文有所帮助！

——▶ 生成分析
　　结果

图 3.2　ChatGPT 在教育领域的应用案例

◇ 作业梦魇的终结者？

过去，我们往往会被堆积成山的作业压得喘不过气，但现在有了 ChatGPT，这一切似乎都变得不那么可怕了。无论是高深莫测的大学数学题（图3.3所示），还是让人头疼的编程作业，ChatGPT 都能轻松搞定。

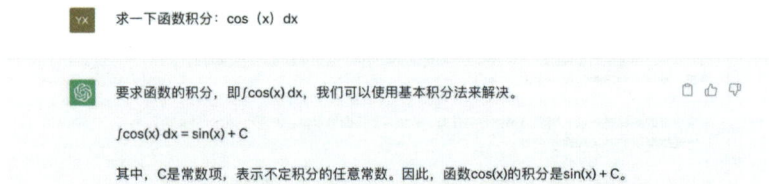

图 3.3　ChatGPT 完成大学数学作业

ChatGPT 的这种能力引发了一场关于学术诚信的大讨论。一些学者认为，依赖 ChatGPT 完成作业，与直接抄袭别人的作业没什么区别。学生不再需要动脑筋，一切答案似乎都能从 AI 中获得。因此，有些高校和研究机构采取了严格措施，禁止学生在作业和论文中使用 ChatGPT 及其他 AI 工具，一经发现，则把这种行为视为作弊。

也有不少人持开放态度，认为使用 ChatGPT 其实能够帮助学生更快进步。加拿大多伦多大学的分子遗传学副教授鲍里斯·斯泰普（Boris Steipe）尝试在他的生物信息学课程上向 ChatGPT 提问，并鼓励学生使用 ChatGPT 完成作业。与此同时，他设立了三个基本原则：不能完全使用人工智能完成作业；必须核对

ChatGPT 生成答案的准确性；必须如实标注 ChatGPT 参与的部分。这样既保障了学术诚信，又促进了学生自主学习，强化了探索精神。

现在，越来越多的高校开始使用反 AI 作弊检测系统，学生们不得不主动检查 ChatGPT 生成内容的准确性，再结合自己的知识对其进行深化和润色。其实，这一过程不仅能提高作业质量，还能锻炼学生的思考和研究能力。

目前，ChatGPT 的文本润色功能在校园里应用更为广泛。特别是对那些使用非母语进行学术写作的留学生而言，ChatGPT 简直是一大福音。虽然有 Grammarly 等软件可以辅助留学生修改文本中的语法错误，但显然 ChatGPT 在优化文章语言上更胜一筹。这极大地减轻了留学生学习第二语言的压力。如此一来，学生便能将更多的精力投入到专业知识的学习和研究中，从而提升学习效率和质量。

◇ 危机四伏

虽然 ChatGPT 在教育领域有着广泛的应用前景，但把它引入学习过程还得步步为营。毕竟，教育不只是简单地灌输知识，更重要的是培养批判性思维、解决问题的本领和树立正确的价值观。ChatGPT 虽然厉害，但它终究是技术产物，还不能全面取代人类的深度思考和决策。

首先，尽管 ChatGPT 能聊得来，但它偶尔也会"犯糊涂"。

比如，当它尝试在社交媒体上讲述航天器的历史时，一位物理学家指出它把空间站的名字给搞错了。这种知识性错误源于训练模型时相关领域数据的不足，说明 ChatGPT 还得不断学习和进化，才能变得更加精准。

其次，要从 ChatGPT 这位 AI 老师那儿获得满意的回答，提问技巧很重要，得先清楚自己的问题是什么。如果提问太模糊，ChatGPT 只能瞎猜你的意图，可能给出让你一头雾水的回答。

最后，小心 ChatGPT 的答案可能会误导你。就算是同样的问题，只要换个说法，ChatGPT 可能每次都会给出不同的答案。特别是处理中文时，这种情况比较常见，可能是因为它训练时用的中文数据不够多，或者对同义词的理解还有待提高。

除了这些技术隐患，大家更担心的是学生会不会变得过分依赖 AI。如果我们习惯了让 ChatGPT 帮忙做作业，会不会渐渐失去自己动脑的能力，而成为机器的附庸？

◇ 未来教育往何处去？

ChatGPT 在教育的天地里是大有可为的。随着人工智能技术一日千里，ChatGPT 在帮助师生提升教与学效率方面的潜力将被进一步挖掘。在大力推广 ChatGPT 的同时，将 ChatGPT 引进课堂也伴随着挑战和责任，需要对它的算法和数据训练进行严格把关，确保它在校园里的使用既安全又可靠。当然，更重要的是，学校不能忘了培育学生独立思考和创新的能力。

老旧的"填鸭式"教育方式已经不合时宜了，当代教育需要转型，要向着更注重创意和实操能力的教育模式发展，这样才能培养出未来社会所需的创新型人才。

在教育转型的过程中，ChatGPT无疑是个好帮手。它不仅能帮学生更深入地吸收知识，也能助教师轻松备课。利用好ChatGPT的强项，可以让学习更高效、更有趣，还能为教师提供更多样的教学工具和资源。将ChatGPT这样的生成式AI引入教学实战有助于为教育的转型发展添砖加瓦。

第 9 章

互联网剧变

　　GPT 系列的兴起和普及，将极大地改变个人在网络冲浪时的体验。例如，当无法搜索到所需内容时，可以借助 ChatGPT 提升解决问题的效率；需要编写代码时，可以要求 ChatGPT 自动生成代码；在玩游戏时，ChatGPT 生成的对话能够提供更加沉浸式的体验。从信息检索、自动编程和游戏开发这三个方面来看，ChatGPT 将显著地改变互联网产业。

图 3.4　ChatGPT 改变互联网的冲浪体验

◇　与搜索引擎比肩而立

许多使用者发现，使用 ChatGPT 获得信息的效率远远高于使用搜索引擎。这让人们开始思考 ChatGPT 是否有能力完全替代搜索引擎。但实际上，ChatGPT 只是一种可以响应人类语言的程序，有时它还会被笑称为"随机鹦鹉"。不同于搜索引擎，ChatGPT 在搜索动作结束后，还会通过复杂的计算来"猜测"并整合出最合适的回答。

ChatGPT 与搜索引擎之间不应当是对立的关系，它们应该相互合作，实现共赢。传统搜索引擎，例如百度、雅虎和谷歌等会把一大堆结果扔给你，你要耗费大量时间去挑选最佳答案。有了 ChatGPT 的加持，不仅可以让搜索变得更直接、高效，你还可以提供更多的细节、描述更多的想法来完善搜索，直到获得满意的答案。

科学家们对经过 ChatGPT 加持的搜索引擎和传统的谷歌搜索引擎进行了比较。他们向双方提出了 21 个搜索问题，结果 ChatGPT 以 15：6 的比分击败了谷歌搜索引擎。在测试中，ChatGPT 不仅能够提供和谷歌搜索引擎一样准确的答案，还能对回答进行深入的解释，为用户带来更好的搜索体验。

除了日常搜索外，ChatGPT 在处理复杂和抽象问题方面的表现也比传统搜索引擎更出色。如在面对类似"生命的意义是什么"这样的问题时，虽然 ChatGPT 无法提供具体的答案，但它仍会尝试解释，以帮你探索和理解这些复杂的问题（图 3.5 所示）。

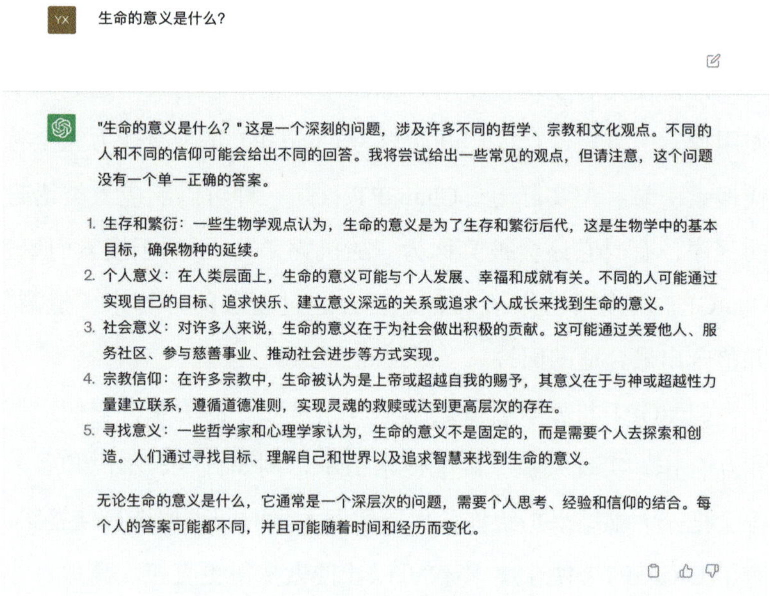

YX 生命的意义是什么？

"生命的意义是什么？" 这是一个深刻的问题，涉及许多不同的哲学、宗教和文化观点。不同的人和不同的信仰可能会给出不同的回答。我将尝试给出一些常见的观点，但请注意，这个问题没有一个单一正确的答案。

1. 生存和繁衍：一些生物学观点认为，生命的意义是为了生存和繁衍后代，这是生物学中的基本目标，确保物种的延续。
2. 个人意义：在人类层面上，生命的意义可能与个人发展、幸福和成就有关。不同的人可能通过实现自己的目标、追求快乐、建立意义深远的关系或追求个人成长来找到生命的意义。
3. 社会意义：对许多人来说，生命的意义在于为社会做出积极的贡献。这可能通过关爱他人、服务社区、参与慈善事业、推动社会进步等方式实现。
4. 宗教信仰：在许多宗教中，生命被认为是上帝或超越自我的赐予，其意义在于与神或超越性力量建立联系，遵循道德准则，实现灵魂的救赎或达到更高层次的存在。
5. 寻找意义：一些哲学家和心理学家认为，生命的意义不是固定的，而是需要个人去探索和创造。人们通过寻找目标、理解自己和世界以及追求智慧来找到生命的意义。

无论生命的意义是什么，它通常是一个深层次的问题，需要个人思考、经验和信仰的结合。每个人的答案可能都不同，并且可能随着时间和经历而变化。

图 3.5　ChatGPT 回答哲学问题

◇　**为编程排忧解难**

随着计算机技术的不断普及，各个领域对程序员的需求大大提高，"转码""转 CS"的潮流也随之兴起。ChatGPT 的编程能力，给编程新手和老手都带来了便利。对编程新手来说，有了 ChatGPT 就可以轻松理解代码怎么写、算法如何运行。例如，输入"生成一个 Python 函数来反转字符串"指令后，ChatGPT 可以生成连贯的代码（图 3.6 所示）。值得注意的是，在图中我们输入的是口语化命令"反字符串"，但 ChatGPT 仍可以智能地理解我们的意思是"反转字符串",然后开始执行。虽然它给出的代码可能需要微调,但这无疑是个不错的起点。

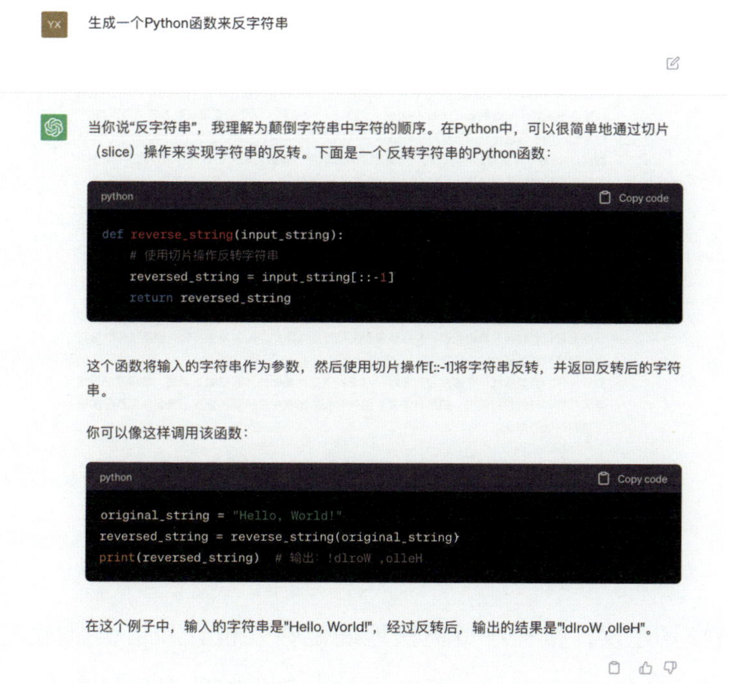

图 3.6 ChatGPT 创造函数

对于有经验的程序员来说,ChatGPT 同样是个宝贝。当你想深入了解新的编程概念,比如哈希表(Hash Table),ChatGPT 能用浅显易懂的方式解释给你听(图 3.7 所示)。这种即时的知识传递,能让你快速掌握新知识,提高学习效率。

编写代码时如果遇到了难以解决的错误(bug),ChatGPT 也能帮忙进行错误调试。特别是在编写大型代码时,它能提

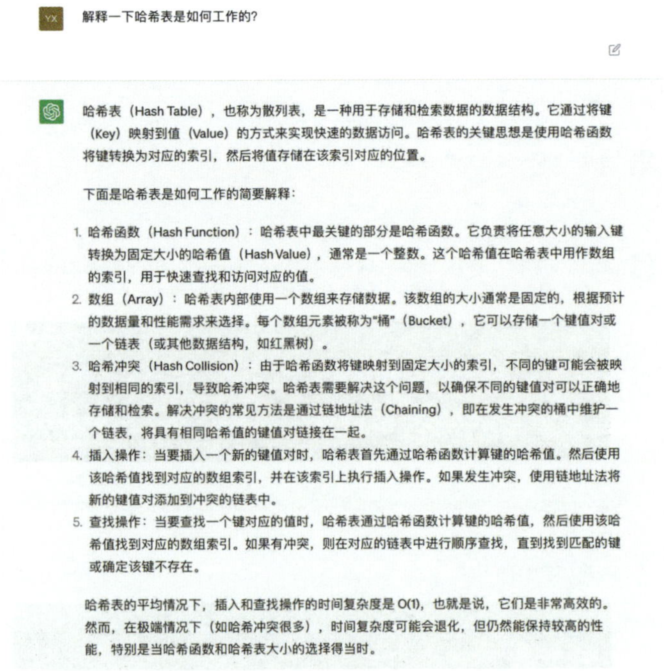
YX 解释一下哈希表是如何工作的？

哈希表（Hash Table），也称为散列表，是一种用于存储和检索数据的数据结构。它通过将键（Key）映射到值（Value）的方式来实现快速的数据访问。哈希表的关键思想是使用哈希函数将键转换为对应的索引，然后将值存储在该索引对应的位置。

下面是哈希表是如何工作的简要解释：

1. 哈希函数（Hash Function）：哈希表中最关键的部分是哈希函数。它负责将任意大小的输入键转换为固定大小的哈希值（Hash Value），通常是一个整数。这个哈希值在哈希表中用作数组的索引，用于快速查找和访问对应的值。
2. 数组（Array）：哈希表内部使用一个数组来存储数据。该数组的大小通常是固定的，根据预计的数据量和性能需求来选择。每个数组元素被称为"桶"（Bucket），它可以存储一个键值对或一个链表（或其他数据结构，如红黑树）。
3. 哈希冲突（Hash Collision）：由于哈希函数将键映射到固定大小的索引，不同的键可能会被映射到相同的索引，导致哈希冲突。哈希表需要解决这个问题，以确保不同的键值对可以正确地存储和检索。解决冲突的常见方法是通过链地址法（Chaining），即在发生冲突的桶中维护一个链表，将具有相同哈希值的键值对链接在一起。
4. 插入操作：当要插入一个新的键值对时，哈希表首先通过哈希函数计算键的哈希值。然后使用该哈希值找到对应的数组索引，并在该索引上执行插入操作。如果发生冲突，使用链地址法将新的键值对添加到冲突的链表中。
5. 查找操作：当要查找一个键对应的值时，哈希表通过哈希函数计算键的哈希值，然后使用该哈希值找到对应的数组索引。如果有冲突，则在对应的链表中进行顺序查找，直到找到匹配的键或确定该键不存在。

哈希表的平均情况下，插入和查找操作的时间复杂度是O(1)，也就是说，它们是非常高效的。然而，在极端情况下（如哈希冲突很多），时间复杂度可能会退化，但仍然能保持较高的性能，特别是当哈希函数和哈希表大小的选择得当时。

图 3.7 ChatGPT 解释哈希表

供修复建议，帮程序员更快地确定错误位置和错误原因，并找到解决办法。例如，英国伦敦大学学院的多位研究人员将ChatGPT与较为常用的标准程序修复技术在Python中进行了比较。他们在一段Python代码中故意制造了40个错误，然后分别使用ChatGPT和传统修复技术对错误进行修复。ChatGPT在错误修复方面表现出了卓越的性能，成功解决了19个错误，而传统修复技术只解决了7个。

那么，ChatGPT可以取代程序员吗？现阶段的答案是“不会”。一位美国加州职业技术顾问指出：“成为一名程序员并不仅仅是要会写代码，更重要的是要理解它背后的逻辑。"全球数据（Global Data）公司的数据显示，ChatGPT 等人工智能技术的兴起并没有导致程序员的大规模失业。相反，各大公司正在寻找更多能够深刻理解代码原理的资深程序员。

◇ 加速进军游戏行业

ChatGPT 的应用场景不仅限于自然语言处理和代码生成，它还可以用于游戏开发。通过使用 ChatGPT，开发者可以让游戏中的非玩家角色（Non Player Character，NPC）从过去的"木偶"变成能与玩家进行真实对话的"活人"。这不仅为 NPC 增添了个性和深度，也极大地丰富了玩家的游戏体验感。

下面这个例子（图 3.8 所示）展示了 ChatGPT 如何在游戏中扮演一个 NPC，并快速地代入角色，和玩家进行自然流畅的对话。

2023 年 6 月，网易游戏宣布将在《逆水寒》中实装国内首个游戏版 GPT，让智能 NPC 能自由地与玩家对话。这些 NPC 不仅能做出合乎逻辑的反应，还能学习玩家的交流方式，提供更加个性化的互动体验。如果玩家能更为积极地用武侠代入感与 NPC 互动交流，NPC 的演技能得到进一步提升，延展出更多精彩的游戏情节。智能 NPC 还会构建巨大的社会关系网，游戏玩家的不同行为可能触发不同的情境。

除《逆水寒》外，其他游戏也开始探索利用 ChatGPT 来创

YX 你现在的身份是一个武侠游戏的NPC

明白，我是一个武侠游戏的NPC。有什么关于游戏或者武侠的问题，我都可以为您解答。

YX 你在游戏中的身份是一个客栈的老板

是的，我在游戏中扮演一个客栈的老板。客栈欢迎您的光临，我可以为您提供食宿，也可以向您介绍周围的武侠江湖情况。有什么需要帮助的吗？

YX 我来找你是要领取任务的

当然，非常欢迎您来领取任务。请问您想要进行怎样的任务呢？是帮助拯救江湖中的受难之人，还是探索神秘的宝藏，或者是完成一些武林盟约的任务？请告诉我您的选择，我将为您提供相关的任务信息。

图 3.8　ChatGPT 扮演 NPC

造更智能的 NPC 和更丰富的游戏内容。天娱数科升级推出了接入 ChatGPT 等模型的 "MetaSurfing—元享智能云平台"；完美世界已将人工智能技术应用于游戏中的智能 NPC、场景建模、剧情生成等方面，如《梦幻新诛仙》。

那么，ChatGPT 到底可以在游戏中扮演什么角色呢？就目前而言，ChatGPT 可以被应用于以下四种游戏内的场景（图 3.9 所示）。

◢ 任务描述生成

ChatGPT 在游戏任务描述生成中的独特角色，如同游戏世界的 "创意编剧"。它能构建丰富的任务背景，如

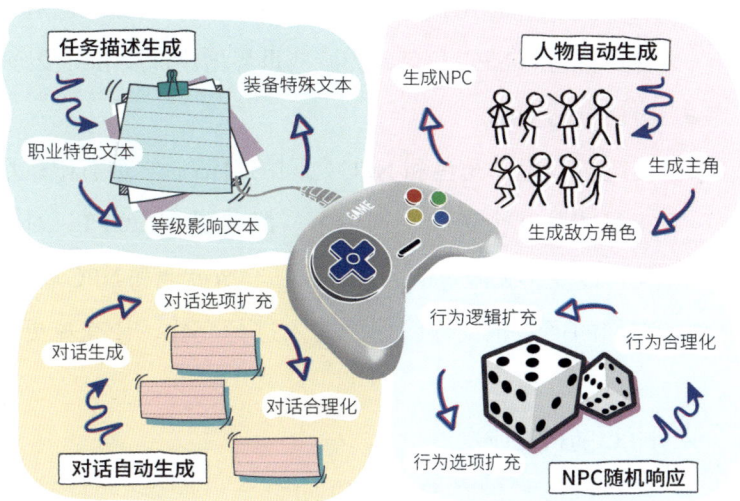

图 3.9　ChatGPT 会为游戏行业带来的变化

在奇幻大陆上为寻找失落宝藏设定神秘起源。在情节
设计上，它不仅可以根据玩家行为进行动态变化，让
每次任务体验都不同，还能个性化设定任务目标，为
战斗爱好者安排激战任务，为探索者准备解谜之旅。
另外，它还以生动语言描述细节，使废弃太空站的昏
暗灯光、奇异水晶球等都栩栩如生。ChatGPT 极大地
丰富了游戏任务，提升了玩家的真实沉浸感与乐趣。

▲ 人物自动生成

许多游戏中都会出现大量的 NPC，但为每一个 NPC
创建一个独立的模型所需的成本会非常昂贵。这时，
ChatGPT 就可以大展身手了。在经过大量自然语言的

训练后，ChatGPT 能够基于海量的文本训练，创造出各具特色的 NPC 角色，为游戏世界增添深度和沉浸感。

▲ 对话自动生成

传统游戏里，角色和 NPC 之间的对话通常很有限，玩家只能从几个选项中选一个。但有了 ChatGPT，对话就可以变得无限可能。你可以随心所欲地和 NPC 聊天，它们的回答也会根据你的输入进行变化，让交流更加自然和流畅。

▲ NPC 随机响应

随机响应指的是游戏内的 NPC 会根据角色的行为临时做出的行为。比如你的游戏角色不小心撞到了一个 NPC，它可能会生气地跳起来责骂你。虽然当下的随机响应功能仍然需要经过程序员的设定才能生效，但在 ChatGPT 的帮助下，NPC 的响应将会变得更加丰富。

随着 ChatGPT 的加入，游戏体验变得更加丰富和多样。它不仅可以推动游戏世界的发展，还能让玩家在探索中不断发现新鲜事物，享受自己创造的独特游戏故事。看来，未来的游戏世界会因 ChatGPT 而变得更加精彩！

第 10 章

服务业蜕变

ChatGPT 出色的文本分析能力，使得它在服务业中有着广泛的应用场景。设想一下，在未来的某一天，人们可能会发现：在法院打官司时，律师们使用 ChatGPT 生成法律文书；寻求客服帮助时，智能客服使用 ChatGPT 来回答问题。人工智能将会对服务业带来革命性的改变。

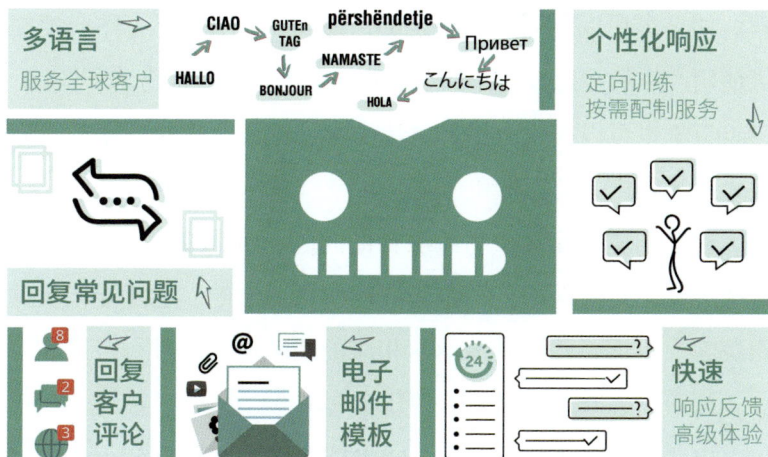

图 3.10　ChatGPT 作为智能客服提供的各种服务

◇ **让服务随叫随到**

由于 ChatGPT 卓越的性能和与人类类似的流畅语言问答能力，全球已有许多服务公司开始在其业务中使用 ChatGPT 技术的智能客服，如苹果公司在 2024 年的全球开发者大会上宣布，将 ChatGPT 接入其语音助手 Siri。无论是解答疑问还是提供帮助，ChatGPT 都能以惊人的效率和准确度来完成。

多语言支持。ChatGPT 的多语言能力使其成为全球化业务的强大工具，它能帮助用户轻松跨越语言障碍，获取所需服务。对于正向全球扩张或已经拥有国际客户的公司来说，ChatGPT 无疑是拓展业务的利器。

个性化响应。通过分析客户的历史数据，ChatGPT 能够为每一个客户创建个性化的档案，提供量身定制的服务和产品推荐。如果客户以前购买过特定的产品，ChatGPT 还会贴心地提供使用产品的注意事项。如果客户对某些产品或服务表示不满，ChatGPT 也可以提供合适的解决方案。这种个性化的服务可以大大提高客户的满意度和忠诚度。

快速响应。面对产品或服务的问题，ChatGPT 能迅速提供解决方案，有效保护公司声誉并减少负面影响。它还能记录并跟踪客户投诉，并将其传达给相应的团队或部门进行跟进和解决，从而改进产品或服务，提升客户体验。

电子邮件模板嵌入。ChatGPT 能根据客户喜好和行为定制电子邮件模板，让营销邮件更加个性化，直击客户心灵。例如，客户最近购买了一款智能咖啡机，ChatGPT可以自动生成一封电子邮件，提供定时启动、个性化咖啡配方设置等高级功能的使用说明，并推荐特色咖啡豆等咖啡机配套使用产品，同时贴心地奉上促销代码。这不仅提升了产品使用体验，还增加了潜在的销售机会。

客户评论的回复。对于客户在平台上的评价和反馈，ChatGPT能实时响应并及时回复，从而降低公司受负面评价的影响，增强客户的满意度。此外，ChatGPT还可以分析客户的评论和反馈，整合客户的需求和关注点，帮助改进产品和服务。

常见问题回答。ChatGPT能识别并回答客户的各种疑问，无论是引导至其他网页还是提供直接解答，它都能提供及时有效的帮助，减轻人工客服的压力。

ChatGPT的引入，让服务业的自动化、效率及客户体验得到全面升级。它能够提供全天候的服务，处理多个请求，极大地减轻了人工客服的工作负担，使他们能专注于更加复杂的任务。未来，随着ChatGPT与更多商业管理系统的整合，我们期待它的服务质量进一步提升，为用户带来更便捷、更高效的体验。

◇　咨询之外

ChatGPT不仅是问答高手，还是咨询和策略界的明星顾问，能够为企业量身定制营销与品牌战略。金融机构中，ChatGPT

就是那个总能在你需要时提供锦囊妙计的财务顾问。无论是为投资者规划明智的投资路径，还是作为网银的不眠夜守护者，或是与分析师肩并肩评估金融风险，它都游刃有余。这是每个金融界人士都梦寐以求的全能助手。

在银行业，ChatGPT 展现了它的多才多艺：

- ▲ **欺诈检测师**：它能洞察金融交易的一举一动，像侦探一样识破欺诈的伎俩，守护客户的财产安全。
- ▲ **信用风险评估师**：通过深入分析借款人的财务往来，它能辨别出信用可靠的借款人和潜在的信用风险者。
- ▲ **个性化营销大师**：它精通客户心理，能设计出让人无法抗拒的营销活动，直击客户心灵。
- ▲ **交易策略家**：它能洞悉市场脉络，为投资组合出谋划策，指点江山。
- ▲ **财务报告速成专家**：在财务报告的世界里，它能迅速提取关键信息，让报告准确又高效。

ChatGPT，这位金融与咨询界的多面手，正逐步改变行业面貌，让决策更智慧、服务更精准。

在法律领域，ChatGPT 也表现出了惊人的能力，不论是撰写合同还是提供法律咨询，它都能轻松应对。已有研究者在不同场景下测试了 ChatGPT 在法律方面的实力。比如，有实验者要求 ChatGPT 起草一篇关于元宇宙对法律实践的影响，生成的

撰写一份财产纠纷的诉讼请求书

⊛　　以下是一份财产纠纷诉讼请求书的示范模板。请根据具体情况进行修改和补充。

诉讼请求书

原告：［姓名］
性别：［男/女］
身份证号：［身份证号码］
住址：［详细地址］
联系方式：［电话］

被告：［姓名/单位名称］
性别/性质：［男/女/法人］
身份证号/注册号：［身份证号码或营业执照号码］
住址/注册地址：［详细地址］
联系方式：［电话］

案由：　财产纠纷

诉讼请求：

1. 判令被告返还原告财产［具体财产描述］，价值［具体金额］元；

2. 判令被告赔偿原告因本案所产生的相关费用，包括但不限于诉讼费用、律师费等［具体金额］元；

3. 判令被告支付逾期利息，从［开始日期］至实际支付日，按年利率［具体利率］%计算；

4. 其他诉讼请求：［如有其他请求，请详细说明］。

事实与理由：

1. **案件背景：**［简要描述案件的背景，包括原告与被告的关系，以及争议财产的情况。］

2. **争议事项：**［详细说明财产纠纷的具体情况，包括被告为何不返还财产，原告与被告之间的沟通情况等。］

3. **法律依据：**［引用相关法律法规，支持自己的诉讼请求，例如《民法典》第几条等。］

4. **证据材料：**［列出证据材料，如合同、收据、通信记录等，并附在诉讼请求书后。］

请求法院：
依法受理本案，保护原告的合法权益。

此致

［法院名称］

原告：［签名］
日期：［填写日期］

图 3.11　ChatGPT 生成法律文书

文章逻辑通顺且行文流畅。

ChatGPT 还能帮助律师事务所起草常见的法律文书，比如诉讼请求书和雇佣协议等。不过 ChatGPT 撰写的材料并不完全符合法律材料的规范，依旧需要专业律师进行修改（图 3.11 所示）。

美国东北大学的麦金尼斯教授就 ChatGPT 等人工智能技术对法律服务和法律的影响表达了自己的看法。他认为随着时间的推移，某些更保守、更稳定的法律领域，如信托法，可能比网络安全等快速变化的法律更容易受到技术的影响。至于人工智能和律师之间的关系，麦金尼斯则表示："至少在可预见的未来里，我不认为人工智能会让律师失业。但它们将会成为律师非常重要的助手，就像电脑和手机一样。"

◇ **翻译再升级**

在 ChatGPT 的帮助下，翻译界也在经历一场翻天覆地的变化。不同于传统的机器翻译，ChatGPT 能够把握对话的上下文，从而提供更加自然和贴切的翻译。它还能创建贴合用户个性的翻译，使翻译内容更加符合用户的语言习惯和文化背景。使用 ChatGPT 进行翻译，简单输入文本和目的语言即可，但要实现它的效果最大化，得到更准确、更自然的翻译，这几个小技巧能帮到你：

提供上下文。相比传统机器翻译，ChatGPT 的撒手锏在于理解上下文。这意味着它不仅仅是翻译单个词汇，而且会深入理解整段文本的含义和情感，以此来提供更准确的翻译。因此，向 ChatGPT 提供足够的上下文，可以大幅提升翻译的质量。

声明文本类型。告诉 ChatGPT 你要翻译的文本类型，比如是一份法律文件、一首歌词，还是一篇财经报告。这样做能帮助 ChatGPT 在翻译时采用相应的专业术语，使翻译结果更加专业和精确。

指定语气和风格。如果你想要翻译不仅准确，还要读起来流畅自然，那就要向 ChatGPT 说明你期望的语气和风格。例如，如果是进行法律普及，你可以要求 ChatGPT 将专业的法律术语转换为大众易懂的表达方式，这样你就能得到更易理解、更贴近生活的翻译。

考虑地域差异。不同地区对同一词汇的理解可能存在差异。比如，在英国，"足球"指的是"soccer"，而在美国，它可能指的是"American football"。明确告诉 ChatGPT 你的地理位置或目标读者的所在地，可以让翻译更加贴合地域文化和习惯，避免不必要的误解。

通过这些技巧，你可以让 ChatGPT 提供更高质量的翻译，无论是准确性、自然度还是文化贴切性，都能得到大大提升。

不过，ChatGPT 的翻译功能有时也会存在问题。如图 3.12 所示，指令 ChatGPT 翻译英文歌曲《Enemy》的部分歌词。能够看出翻译结果还不够通顺，需要进一步调整。

> 将以下内容翻译成中文：
> Oh, the misery
> Everybody wants to be my enemy
> Spare the sympathy
> Everybody wants to be my enemy
> But I'm ready
> Your words up on the wall as you're praying for my fall
> And the laughter in the halls and the names that I've been called

哦，痛苦
每个人都想要成为我的敌人
别再施以同情
每个人都想成为我的敌人
但我已经准备好了
你在墙上留下的言语，仿佛在祈祷我的失败
走廊里的笑声，以及我被称呼的名字

图 3.12　ChatGPT 翻译歌词

◇　**医疗变革**

在现代生活中，医疗问题总是能引发热烈讨论，从挂号难、看病贵到医患冲突，很多人可能都亲身经历过。但最根本的问题，可能还是患者与医生之间缺乏有效的沟通。幸运的是，ChatGPT 的出现，有望给医疗行业带来新的变革，给患者开启一种全新的就医体验，从而有效缓解这些问题（图 3.13 所示）。

巴比伦健康（Babylon Health）的创始人帕萨（Ali Parsa）曾提到："通过 GPT-3 和其他 AI 对话系统，医生可以更快速地了解患者情况，向患者提供更个性化、更精确的建议。"ChatGPT 将从以下几个方面改变医疗行业的未来。

图 3.13　ChatGPT 带来的医疗变革

接过医疗管理重担

近年来，医疗管理领域最热的话题莫过于人工智能的应用。ChatGPT 不仅能帮医生自动记录患者的病历，还能按照医生的指示自动开具处方，极大提高了医生工作效率。现在，国内外已经有很多临床医生和医疗技术研究者通过论文探讨 ChatGPT 如何提高医疗管理效率。

ChatGPT 在医疗界的四大撒手锏应用包括：总结患者资料、辅助行政管理、促进医患沟通以及打造互联网医院。

虽然 ChatGPT 在医疗行业有着广阔前景，但它的使用也伴随着潜在风险，特别是涉及数据安全和患者隐私的问题。与ChatGPT 交谈时，患者可能会透露自己的健康状况，一旦信息外泄，大量个人隐私便会曝光。在这个数字化日益发展的时代，如何平衡技术创新和个人隐私保护，成为医疗行业必须面对的一大挑战。

向临床医学伸出援手

我们或许在科幻电影中看到过由机器人组成的智能医院：它们帮病人挂号、领药，甚至进行初步的医疗检查。现在有了ChatGPT的帮助，这一切将不再是幻想。

可是，ChatGPT真的能够替代医生，为患者提供治疗建议吗？遗憾的是，尽管人工智能在协助诊断上具有巨大的潜力，但是目前的人工智能只能给出模糊的治疗建议，尤其是当患者患有常见病的时候。假如一名患者说自己发烧，那么ChatGPT只能够给出服用退烧药的建议，无法准确地判断发烧的原因。由此可见，盲目依靠ChatGPT的指导可能存在错误诊疗的风险。

但别担心，ChatGPT还是有很多用武之地的，特别是在诊断之外的辅助医疗领域（图3.14所示）。

GPT-4使ChatGPT不仅能搞定文字，还能理解图片。这对于医疗界来说简直是一大福音。设计新药时，ChatGPT能扫描化学结构，助力发明新药物；它还能在精神疾病诊断中帮忙做问卷调查；甚至还能参与流行病学的分析工作。看来，未来医疗界的可能性发展将因ChatGPT而无限扩大！

ChatGPT在医疗领域为病患带来了多维度的变革与积极影响，涵盖了知识获取、心理支持、医疗决策参与等方面，极

图 3.14 ChatGPT 在辅助临床医学中的应用

大地提升了病患的就医体验和疾病应对能力。在面对复杂的治疗方案时，ChatGPT 发挥着"翻译官"的作用，将专业的医学术语转化为病患易于理解的内容，详细解释每种治疗方案的目的、作用机制和预期效果。以癌症治疗为例，它能为患者清晰说明化疗、放疗、手术等不同治疗方式的特点和适用情况，帮助患者更好地配合医生的治疗计划。

在病患康复阶段，ChatGPT 也能发挥重要作用。它可以为患者提供康复指导，包括康复训练的方法、注意事项等。例如，对于一位骨折术后的患者，ChatGPT 可以详细介绍适合的康复训练动作、训练强度和频率，以及如何避免康复过程中的并发症。同时，ChatGPT 还能关注病患的心理状态，提供心理支持和疏导。患病和康复过程往往会给患者带来心理压力和焦虑，ChatGPT 可以通过与患者交流，倾听他们的烦恼和担忧，给予安慰和鼓励，并提供一些缓解压力和焦虑的方法，如深呼吸、冥想、放松训练等，帮助患者保持积极的心态，促进康复。

随着远程医疗技术的发展，ChatGPT 在协助病患的远程医疗和居家护理中也具有广阔的应用前景。通过与远程医疗平台结合，ChatGPT 可以协助医生对患者进行远程诊断和随访。患者在家中可以通过与 ChatGPT 交流，上传自己的症状、体征等信息，ChatGPT 会将这些信息整理后提供给医生，医生再根据这些信息进行诊断和指导治疗。ChatGPT 还可以为居家护理的患者提供护理指导和注意事项，比如如何正确护理伤口、如何使用家用医疗设备等，确保患者在居家环境下也能得到有效的医疗支持和护理服务。

第 11 章

创作场景新编

见识到 ChatGPT 如此高效的文本生成能力，我们或许会想到未来所有的文字作品，无论是吸引眼球的广告文案还是社交媒体上的热门评论，都可能出自 ChatGPT 之手。那么，就让我们来探索一下 ChatGPT 在文案创作和广告营销方案制作中的潜能，看看它是如何让文字创作变得更加简单而富有创意。

◇ **文案创作的独门秘籍**

ChatGPT 在文案创作领域的运用越来越广泛。美国一些房地产行业从业人员表示，他们已经开始使用 ChatGPT 来撰写文案，并发布在社交媒体上。在"2023 特拉维夫全球网络技术"会议上，以色列总统艾萨克·赫尔佐格（Isaac Herzog）的部分致辞内容就是由 ChatGPT 撰写的。印度社交媒体应用程序 Koo 的创始人也透露将引入 ChatGPT 来帮助用户撰写贴文。

拿图 3.15 的例子来说，你只需向 ChatGPT 提出具体的文案要求，它就能迅速交出答卷。

请你帮我写一篇小红书风格的文案介绍一款上衣，最好加上Emoji表情

当然可以！以下是一篇小红书风格的上衣文案，搭配了一些Emoji：

🌟 【时尚必备✨】这款上衣真的是夏季的完美选择！💖

🎨 色彩亮丽：采用清新的浅蓝色，仿佛海洋的气息，穿上它就像被海风轻拂，心情瞬间UP！🌊

👗 设计独特：简约却不简单的设计，流畅的剪裁让每个角度都充满魅力，搭配高腰牛仔裤或是轻盈的裙子都超好看！🌻

👕 材质舒适：选用优质棉料，透气性佳，轻松应对炎炎夏日，穿一整天也不会觉得闷热！☀️

👜 多场合适用：无论是约会、聚会还是日常出行，都能轻松驾驭，绝对是衣橱里的百搭单品！👠

💄 搭配建议：搭配一条简约的项链和一双休闲鞋，轻松打造出街时尚look！👜👟

别犹豫了，快来把它收入囊中吧！💌💕

图 3.15　ChatGPT 生成文案

如果你追求的是更加个性化、创新的文案，可能就需要细化你的指令了。这里有几个步骤可以让你和 ChatGPT 的合作更加默契。

▲ 找到你的语调

　找一篇你钟爱的文章，让 ChatGPT 定义你的语调，保存起来，以后就可以用它来定制你想要的风格了。

▲ 找到属于你的模板

　在训练 ChatGPT 时，可以给它设定一个你希望它模仿的角色，比如你可以使用下面这个模板：

　　　您是一位［　］专家，在［　］行业工作了 25 年。您拥有的证书包括［　］。

　通过在空白处填入不同的词汇，你可以让 ChatGPT 理解你的角色。

▲ 向 ChatGPT 咨询内容创意

　如果你不确定该写什么内容，那么 ChatGPT 可以提供一些点子。

▲ 制定大纲

　一旦确定了主题，制定一个大纲至关重要。你可以请 ChatGPT 给出一个初步框架，然后自己再细化调整。

▲ 生成内容

　在 ChatGPT 里输入大纲内容，确保沿用之前设定的写作风格和语调，准备好随时进行微调。

▲ 校对

最后，别忘了仔细校对 ChatGPT 的生成结果，确保文案无重复、错误或是抄袭之嫌。

◇ **营销与广告的喜与忧**

随着 ChatGPT 的加入，撰写吸引眼球的营销方案也能像聊天一样简单。你只需向 ChatGPT 提出一个想法，比如"为网上商店策划几场元旦促销活动"，它就能即刻展示出多种创意满满的方案。如果你进一步要求加上预算限制，ChatGPT 还能细化到每个方案的执行细节。

如图 3.16 所示，ChatGPT 接到了一个指令：为显卡销售制作一则广告，不超过 100 字。几秒钟后，一个精炼有力的广告文案就呈现在眼前。

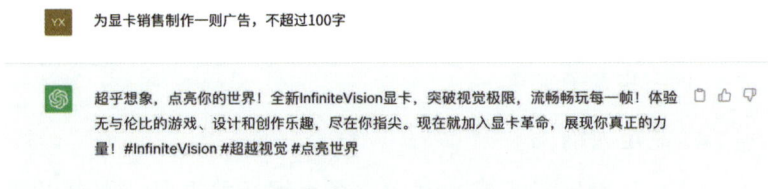

图 3.16　ChatGPT 自动创作广告

著名广告公司 VMLY&R 的首席执行官穆昆德·奥莱蒂（Mukund Olety）分享了他对 ChatGPT 影响广告创作多样性的看法。他说："ChatGPT 可以通过多种方式影响广告和营销行业。企业可以通过聊天机器人或虚拟助理与客户创建更自然、更个性化的互动。ChatGPT 还可以用于分析客户数据，创作有针对性的广告。"

但就目前而言，在广告行业中大规模使用 ChatGPT 可能存在着不少风险。

- ▲ 信息泄露风险。与智能医疗客服面临的问题相同，消费者会担心他们在和 ChatGPT 互动的过程中，可能已经将自己的财产等隐私泄露给了人工智能。
- ▲ 创作内容肤浅。人工智能生成内容（AIGC）可能缺乏情感深度。印度商业优化公司奥瑞安（Aurionpro Solutions）的营销部总裁阿伦·普拉萨德（Arun Prasad）就表示，使用 ChatGPT 时真正需要解决的问题是缺乏创造力。他说："虽然 ChatGPT 非常善于理解人类的输入，但它却并不总是能够提出真正有创意的输出。"
- ▲ 同质化风险。如果所有人工智能都使用相似的算法，那么不同公司的广告内容可能会变得越来越相似，最终引发版权争端。

奥莱蒂对 ChatGPT 在广告行业的应用做出了总结，他说："目前最重要的是去考虑使用人工智能带来的伦理、文化和社会影响，并确保我们能够以对社会负责的方式去使用人工智能。"

第四部分

技术的
你追我赶

随着 ChatGPT 不断进化，它背后的科技宝典也在不断更新。这一部分，我们将带大家了解 ChatGPT 的进化史，揭示它是如何一步步进化成今天这个能够与我们进行流畅对话的智能系统的。

第 12 章
GPT 模型二三事

要理解 ChatGPT，首先需要了解它的"心脏"——GPT 技术。GPT 背后的技术进展，如同一场自然语言处理的革命，它包括了从简单的编码器和解码器结构（Seq2Seq）到复杂的注意力机制、Transformer 模型，再到预训练（Pre-trained learning）的强大能力。这些技术共同构成了 GPT 的基石，使得 ChatGPT 能够理解和生成接近人类水平的语言。

你可能会好奇，编码器和解码器是怎样协同工作的？注意力机制又是如何帮助模型集中处理关键信息的？Transformer 模型为何能成为自然语言处理的革命性突破？预训练模型又是如何让机器在大量数据上学习到丰富的语言知识的？虽然这些问题听起来有些复杂，但请你放心，我们会用简洁明了的方式一一为你解答。

◇ **崭露头角：GPT-1**

现在大家对 ChatGPT 的讨论主要集中在它的最新版本

GPT-4 上，但你知道吗？这一切的起点都是 GPT-1（Generative Pre-training Transformer 1）——GPT 系列的老大哥。

2015 年，Open AI 公司成立，随后在 2018 年 6 月发布了第一代产品 GPT-1，开启了人工智能的全新时代。作为第一个基于 Transformer 模型的预训练语言模型，GPT-1 的表现让人眼前一亮。无论是写新闻报道、创作小说，还是编写文案，GPT-1 都能根据一两句话的提示，生成一篇语言连贯、风格统一的完整文本。

GPT-1 还可以进行文本摘要、关键词提取等任务，帮助我们快速抓住文本的精髓。GPT-1 虽然不像它的后继者那样广为人知，但它在人工智能语言模型的历史上，绝对占有一席之地。

◇ **接过火炬：GPT-2**

在 GPT-1 铺平了道路之后，时隔不到一年，OpenAI 公司在 2019 年推出了 GPT-2。这不仅是技术的接力，更是一次飞跃。

如果把 GPT-1 比作是学步的婴儿，那么 GPT-2 就是跨越式成长后变得更加强大、更富有想象力的少年。与 GPT-1 相比，GPT-2 在预训练数据量、模型规模和参数量、预训任务和模型结构等方面都有大幅度提升（图 4.1 所示），它能够承载更多的信息，理解更复杂的语境。

图 4.1 GPT-1 与 GPT-2 对比图

不仅如此，开发者们对 GPT 的潜力进行了更深入的探索，他们提出了一个大胆的假设：如果进一步增强 GPT 模型理解文本的能力，是不是可以仅通过文本形式提问，模型就能直接生成合理的答案呢？这个思考促成了 GPT-2 模型的诞生。

GPT-2 模型的核心思想：舍弃 GPT-1 中需要的微调环节，直接将问题作为输入，模型直接通过文字生成的方式给出答案。这种方法，被称为一个"Prompt（提示）"。它就像是对模型的一种引导，告诉它我们想要什么样的输出。

通过这种创新，GPT-2 不仅可以编写文章，还能解决问题、创造对话。它让我们看到了 AI 与自然语言处理领域的无限可能性，也为未来的 GPT 模型开辟了更广阔的天地。

◇ **全速前进：GPT-3**

相比于 GPT-2，2020 年推出的 GPT-3 就像是经历了一次超级进化。虽然从模型结构上看，GPT-3 和 GPT-2 似乎没什么两样，但内在的变化非常大。GPT-3 的参数量从 GPT-2 的 15 亿个增长到了惊人的 1750 亿个！这意味着它的"大脑"里有更多的"神经元"，理论上可以让它学到更多的东西。

当然，有人可能会问，参数越多是不是就意味着模型越厉害呢？这个问题还没有定论，但至少对 GPT-3 来说，它确实在很多方面都展现出了惊人的能力。

GPT-3 真正让人眼前一亮的地方，在于它对 Prompt 的巧妙使用。OpenAI 的研究团队从 GPT-2 能够无需微调就直接应用于各种任务中得到启发，提出了一个创新的想法：在设计 Prompt 时精心加入一些指导性的案例，让每个 Prompt 中包含十几个到几百个案例提示，这样做可以显著提升模型在特定任务上的性能。这种方法就像是在跟 GPT-3 玩填字游戏，我们不单单是随意提供提示，而是给出一系列精选的案例，它们像是密钥，能够帮助 GPT-3 解锁并填入正确的答案。

下面是一个情感判断任务：	
例 1	文本:我今天很开心! 答案:积极
例 2	文本:你真的以为你能通关吗? 答案:消极
...	
问题	文本:我今天好丧啊 答案:

图 4.2　小样本学习的 Prompt 设计示例图

举个例子，如果我们要做文本情感分析，就可以设计一个 Prompt，里面包含了一些情感分析的示例（图 4.2 所示）。在这个例子中，中间几个例子被称为小样本（Few-shot），模型通过这些小样本的提示，只通过前向计算的方式就可以获得期望的答案，这也被称为小样本学习（Few-shot Learning）。

ChatGPT 也被称为 GPT-3.5，可见其与 GPT-3 的关系之密切。

◇　脱颖而出：GPT-4

2023 年 OpenAI 推出了 GPT-4 模型，它比之前的版本更加厉害。OpenAI 没有透露太多关于 GPT-4 的技术细节，比如模型是怎么构建的，用了多少参数，训练它需要多大的计算力，等等。因此，我们只能从用户体验的角度来聊聊为什么 GPT-4 比 ChatGPT 还要强大。

首先，GPT-4 能够处理更复杂的问题，比如帮你解数学题、编写程序代码等。它不仅知识面更广，解决问题的能力也更强，能更好地懂得用户的需求和意图。无论用户来自哪个国家，说什么语言，GPT-4 都能更流畅地交流。

更酷的是，GPT-4 在运行效率和成本上也有了巨大的进步。据 OpenAI 介绍，GPT-4 用的电能只有 GPT-3 的十分之一，但是做的事却更多。这意味着 GPT-4 在很多实际应用中，比如客服聊天、在线翻译服务里，能够提供更快、更准确的帮助。

2024 年以来，OpenAI 又陆续推出多个版本，不断提升多模态处理能力、推理深度和计算效率。2024 年 5 月发布的 GPT-4o 作为全能模型，支持文本、图像、音频和视频输入，改进了记忆功能。同年 7 月推出的 GPT-4o mini 作为 GPT-4o 的精简版，提供更快的响应速度，取代了 GPT-3.5。9 月，OpenAI o1 的预览版本 o1-preview 及其精简版 o1-mini 发布，它们专注于更复杂问题的推理。12 月正式推出的 o1 进一步优化了性能，并向订阅用户提供拥有更强计算资源支持的 o1 pro mode。2025 年 1 月，OpenAI 发布 o1-mini 的升级版——o3-mini，同时推出更高性能的 o3-mini-high。2 月推出的 GPT-4.5（Orion）则是规模更大、计算能力更强的版本，在理解能力和交互体验方面有进一步的提升。这些版本的更新展现了 OpenAI 在多模态交互、推理深度和响应速度上的持续进步。

第 13 章

国外大模型概览

在数字时代，智能对话系统不断进化，逐步成为我们日常生活不可或缺的一部分。从谷歌、微软到 OpenAI，全球科技巨头都在竞相拓展自然语言处理（NLP）技术的边界，以提高智能对话系统的语义理解和自然交互能力。下面，让我们一探究竟，看看这些技术是如何让智能对话系统变得更聪明的（图 4.3 所示）：

▲ 语义理解：为了更好地理解人类语言，研究者们不断探索新的语义模型，如 BERT、GPT 等，并不断开发新的模型和算法以提高模型的准确性和效率。

▲ 多模态交互：语言只是交流的一部分，真正的智能对话还要能理解图片、视频和声音。因此，研究者们正在研究多模态交互技术，如视觉问答（VQA）、语音识别及合成技术。

▲ 对话管理：为了让智能对话系统变得更加智能和自然，研究者们还开发了对话管理技术（问答、推理、感情

分析等），让机器能处理更复杂的对话场景。

▲ 知识图谱：通过构建和利用知识图谱等知识库，让智能对话系统能够更好地理解对话的意图，进行深层次的推理，实现更高层次的交流。

图 4.3　自然语言处理技术在国外发展现状

类 ChatGPT 的产品也在智能营销领域大放异彩。在需要海量内容创作和传播的现代营销中，这些模型能够自动生成大量内容，大幅节约人力、物力。同时，通过智能推荐和个性化服务，这些产品能显著提高营销效率和用户满意度。

目前，全球的科技巨头已经开发出了 Jasper Chat、YouChat、Perplexity、GitHub Copilot、Google LaMDA、DeepMind Sparrow 和 WriteSonic 等多款优秀的产品。随着技术的日新月异，类 ChatGPT 的智能对话系统将带给我们更加自然、智能的交流体验，相信像类 ChatGPT 这样的模型在未来会有更广阔的应用前景。

◇ 独一无二的"伴侣"

聊天机器人,这个名字听起来好像只能和你进行简单的问答对话。但是,ChatGPT 等先进的聊天机器人可不止于此。它们不仅能陪你聊天,还能帮助你解决实际问题,比如预订餐厅、解答疑问,甚至在你需要时提供建议。

这些聊天机器人的聪明才智来源于一系列复杂技术的结合,包括语音识别、语义分析、对话管理和自然语言生成。借助这些技术,聊天机器人能够理解和响应人类的语言,提供有用的信息和解决方案。

如果你在 2013 年看过科幻电影《她》,那么你一定会被那个和人类展开深情交流的对话机器人所吸引。当时,这样的故事似乎遥不可及,但短短十年后,梦想已经变成了现实。正是像 ChatGPT 这样的智能聊天机器人的存在,让这种跨越成为可能。

现在,让我们一起探索一下类 ChatGPT 的对话机器人有哪些,看看这些智能的聊天伙伴是如何在我们的生活中扮演越来越重要的角色。

AIGC 界明星——Jasper Chat

Jasper Chat 是 AIGC(人工智能生成内容)界的新星,它依托 GPT-3 API 的 SaaS(软件运营服务)平台,专注于营销文案和 AI 绘画服务。2022 年 10 月,Jasper Chat 斩获了 1.25 亿美元 A 轮融资,估值飙升至 15 亿美元,年收入达到了 7500 万美元。自创立后仅用了 18 个月，Jasper Chat 就跻身于独角兽企业的领军行列。

Jasper Chat 拥有出色的语义理解和自然语言处理能力，能深刻理解用户意图，提供精准回答和建议。它还能根据用户喜好提供个性化服务，支持多种语言，涵盖多个领域，如顾客服务、智能答疑、金融、医疗和教育，进而提高用户满意度和效率。同时，Jasper Chat 承诺保护用户隐私，是一款具有实用价值和影响力的聊天机器人。

功能强大的 YouChat

YouChat，这位来自 You.com 的数字伙伴，是基于 GPT-3.5 模型的聊天机器人。它不仅懂得用文字聊天，还能听懂你说的话，甚至看懂你发的图片。与 ChatGPT 相比，YouChat 更擅长处理最新鲜的信息，无论是商务洽谈、学术研究还是生活琐事，YouChat 都能轻松应对。

YouChat 的大脑同时结合了自然语言处理和计算机视觉技术，这让它能够深刻理解你输入的每一个信息。YouChat 支持英语、汉语等多种语言，学习能力超乎想象，你不用担心语言障碍。同时，YouChat 非常重视保护用户的隐私，对用户输入的信息会进行暗号化和保护，让你的信息安全有保障。

YouChat 的界面设计简洁而直观，即使你是第一次使用也能迅速上手。不管在商业、金融、医疗还是教育领域，YouChat 都能成为你强大的助手。

图 4.4　Jasper Chat 和 YouChat 的突出特性

在图 4.4 中，我们比较了 Jasper Chat 和 YouChat 两种聊天机器人的亮点。Jasper Chat 擅长自然语言处理、提供多语言支持，学习能力强大，更注重用户的沟通体验，应用领域广泛。而 YouChat 则在多语言支持、智能学习、用户隐私保护以及界面设计上下了一番功夫，更加注重用户的操作体验和信息安全。

◇　联网版十万个为什么

或许你很难想象，语言模型还可以作为其他模型的"考官"！

具体来说，各种语言模型的训练过程，实际上是通过完成指定的预训练任务来达到自然语义的理解。那么，如何知道语言模型训练的成果呢？或许使用另一个语言模型作为"考官"是个不错的选择！接下来，我们要介绍的这个特别"考官"名叫 Perplexity。

Perplexity 结合了 ChatGPT 的巧妙回答能力和必应（Bing）的搜索速度，不只是回答已知问题，还能探索那些可能连谷歌（Google）

都找不到的未知领域。它不单单把答案呈现给你，还会告诉你这些答案是从哪儿来的，是真正的信息探索者。

对于开发者来说，Perplexity 绝对是个宝藏。只要上传一段文本，Perplexity 就能知晓语言模型做得怎么样，并通过一个简单的分数来评估它的准确性。分数越高，说明模型越强大。

更酷的是，Perplexity 还装备了三大功能：可视化功能可以让你像拥有 X 光眼一样深入探查模型的内部机制，调整功能可以用来提升模型的性能，模型比较功能则可以助你找到最佳选择。

简单来说，Perplexity 是个全能超人，既能即时回答问题，又能评估和优化语言模型。在未来，它或许会成为衡量语言模型好坏的金标准，引领模型发展的方向。

◇ **神奇的代码生成工具**

代码生成领域的新星——GitHub Copilot，是由微软和 OpenAI 携手打造的智能编程助手。它像一个贴心的小精灵，不声不响地帮你写好代码，还能自动修复那些让人头大的 bug，简直是提升编程效率和质量的宝器。

GitHub Copilot 的本领不止于此，它还能根据上下文自动拼凑出函数、类，甚至是整个文件的代码，仿佛能够读懂程序员的心思。它的学习能力来源于海量的开源代码，能够提供符合叙述的高质量代码片段。无论是 Java、Python 还是 JavaScript，GitHub Copilot 都能游刃有余，它的存在让编程变得更快、更准确，同时代码也更易于维护。

当然，这位编程界的神奇伙伴也不是万能的，它偶尔也会犯错。所以，当你和 GitHub Copilot 一起编程时，还需要用你的智慧来检查和确认代码的正确性。简而言之，GitHub Copilot 不仅仅是一个能大大提高开发效率的工具，更是一个充满创意和可能性的编程好搭档，为我们开启了一种全新的编程体验。

◇ 其他有趣的模型

现在，随着人工智能技术的飞速发展，像谷歌的 LaMDA、DeepMind 的 Sparrow 以及 WriteSonic 这样的自然语言生成技术，正在颠覆我们与电脑的交流方式。它们让我们能以前所未有的自然、快捷、精准的方式创造各类文本内容。本节将带你探索这些前沿技术，看看它们将如何重新定义我们的日常生活。

此外，我们还会介绍三款不同寻常的智能文本处理工具。与特定任务的工具不同，这些通用工具能够自动分析和处理文本数据，拥有着自动文本分类、命名实体识别、情绪分析等强大的文本处理能力。下面，我们将了解 LaMDA、DeepMind Sparrow 和 WriteSonic 这些引领技术潮流的通用智能文本工具，看看它们是如何让智能文本处理变得轻松且高效。

Google LaMDA──号称比 ChatGPT 厉害的语言模型

你想要个私人助理吗？ LaMDA 来了！

Google LaMDA——谷歌的语言技术新宠，是聊天机器人界的"多面手"。它不仅能理解你说的话，在多种语言和话题中自如切换，还能在多轮对话中保持话题的连贯性，就像是在与老朋友聊天一样自如。

LaMDA 的超能力来自谷歌的深度学习技术，该技术让它能够处理复杂对话，提供智能而自然的回答，而对你的隐私守口如瓶。

不仅如此，LaMDA 还擅长提供个性化的服务，无论是在线客服、语音秘书还是智能问答，它都能游刃有余。在游戏、虚拟现实和智能家居等场景中，LaMDA 都能提供流畅自然的互动体验。简而言之，Google LaMDA 是个全能的语言艺术家，让人机交流变得前所未有的自然和有趣。

DeepMind Sparrow 的崛起

DeepMind 推出的 Sparrow 不仅仅是一位能和你畅谈天下的聊天高手，还能在谷歌上查找证据来支持它的论点，这就是Sparrow 的魅力所在。

Sparrow 还拥有逻辑侦探的头脑，能够在一阶逻辑到非单调逻辑的世界里自如穿梭，让每一次对话都充满智慧和可靠性。无论是解析自然语言、回答复杂问题还是浏览海量知识，Sparrow 都能展现出类拔萃的能力。

在医疗领域，从管理患者信息、提出治疗建议，到接入医疗数据库、提供最新的研究成果等各方面，Sparrow 都是医生的得力助手。这不仅是对 AI 技术的一次革命性探索，更是在告诉我们，未来的 AI 可能会成为每个领域不可或缺的伙伴。

性价比之王 WriteSonic

WriteSonic——AI 界的"新星作家"，以其高速、高效的文章创作能力闪耀登场。你是否想秒变文字达人？ WriteSonic 帮你搞定！它是那个能够迅速呈现各种文章、营销文案，甚至是令人头痛的电子邮件的神奇小助手。与 Jasper Chat 这样的大明星相比，WriteSonic 和它的朋友们以更低的价格提供服务，每月仅需 10 美金的实惠套餐，你就能享受到它为你铺展出的长达30000 个单词的文字世界。

这位有 OpenAI 强力后台支持的文本创作巨匠，不仅能理解你的需求，还能用世界各地的语言展现其才华，让全球用户都能享受到它的服务。你只需轻轻一点，它就能根据你的指令变出一篇篇文章，无论营销广告还是社交动态，它都能手到擒来。

不过，WriteSonic 也会顽皮，偶尔会犯些小错，尤其是在高深领域的专业术语上。但只要你稍微指点一二，它就能迅速改正，继续为你创作出满意的作品。不用怀疑，WriteSonic 是一个有待开采的创意宝藏。在这个快节奏的世界里，它能为忙碌的你带来一缕清新的文学之风。

图 4.5　自然语言处理应用案例及其特性

　　Google LaMDA、DeepMind Sparrow 和 WriteSonic 都 应 用了自然语言处理的技术，但各有特色（图 4.5 所示）。Google LaMDA 以其高度智能、跨领域应用、安全保护、集成式处理和多轮对话著称；DeepMind Sparrow 在自然语言处理技术、无监督学习、多种逻辑系统、面向多领域和强可解释性上展示了其优势；而 WriteSonic 则以高质量文本、自然流畅的表达、逻辑严密性和性价比赢得了用户的青睐。

第 14 章

国产的百模大战

在国外，有关类 ChatGPT 的各种语言模型和应用的研发是各大企业当前最重要的任务，无数模型与应用接连不断地被公布。

这股 AI 革命的科技浪潮也传到了中国。在中国，各个互联网厂商跃跃欲试，试图抢先登上大语言模型的高地，占领市场先机。

下面结合近年中国互联网厂商发布的四款已经落地的类 ChatGPT 智能对话应用，看看我们距离 ChatGPT 还有多远的路要走。

◇ 百度的文心一言

当其他互联网企业都默默研究 ChatGPT，规避炒作风险时，百度大胆推出了自家的智能助手——文心一言。

这个能将闪光的想法转化为流畅文字的 AI 助手，一经亮相就引起了轰动。在短短两天内，就有超过 9 万家企业和 60 多万个人用户蜂拥体验，这个数字让 ChatGPT 的首周百万用户记录相形见绌。显然，文心一言就像是新上线的网红甜品，大家都想来尝一口。

文心一言能轻松帮你梳理文章结构、修饰句子，甚至还能将语音和图像转化为文字，它的能力覆盖了写作、编辑乃至创意生成等多方面。这位天才偶尔也会犯迷糊，比如在图像生成时，可能会将"鱼香肉丝"认成外星食物，让人哭笑不得。

虽然文心一言在某些方面还不及 ChatGPT 圆滑，特别是在创建文学作品和理解复杂图像时，但这并不妨碍它成为 AI 界的新宠。毕竟，技术总是在进步的，今天的小瑕疵，明天就可能变成亮点。中国的 AI 技术正蓬勃发展，也许未来某天，文心一言会给我们带来更多惊喜。

◇ 国货之光——PanGu

PanGu，这个名字让人想起了中国古代神话中盘古开天辟地的故事。现在，华为带来了它自己的神话——PanGu，一个携带 4000 亿参数，能够理解和生成精湛中文的超级 AI。

PanGu 不仅继承了 PanGu-Alpha 的超能力，还在从代码生成、机器翻译到深度学习的各个角落都展现出惊人的才华。想要英文变中文，或是德语转法语？ PanGu 说："小菜一碟。"它能够比肩甚至超越人类语言专家。

PanGu 之所以如此卓越，是因为它吸取了数十亿中文语料的精华。这让它不仅知识渊博，还特别擅长处理中文里那些令人头疼的歧义问题。其强大的多任务学习能力，使它成为一个真正的多面手；而超快的处理速度，更是让对手望尘莫及。

与其他模型不同，PanGu 更像是个见多识广的旅人，它搜集了来自新闻、论坛、百科和社交媒体等各个角落的知识，使其理解和生成的语言更加丰富和贴近人类。

PanGu 不仅是华为的技术奇迹，更是一个新诞生的神话，如同那个挥斧开天辟地的盘古，为中文自然语言处理的领域打开了一扇全新的大门。

◇　**微信 WeLM 的尝试**

微信 WeLM 是腾讯微信团队于 2022 年推出的大规模中文预训练语言模型，旨在在零样本和少样本学习的情境下完成多种自然语言处理任务，包括对话、阅读理解、翻译、改写和续写等。该模型采用自回归架构，参数规模达到百亿级别，具备强大的中文理解和生成能力。

在多语言处理方面，WeLM 表现出色，能够处理中、英、日等多语言任务。例如，对于包含中、英、日三种语言的混合文本，WeLM 的翻译结果相较于其他翻译工具更为精准。

目前，WeLM 已在微信视频号等场景中部署应用，未来将在更多微信应用场景中推广。此外，微信 AI 团队还发布了供用户体验的交互式网页 PlayGround，并开放了用于访问 WeLM 的应用程序编程接口（API），方便开发者将 WeLM 集成到自己的应用中。

凭借腾讯在社交网络领域的丰富资源和庞大数据库，WeLM 在中文自然语言处理领域具有显著优势。其强大的性能和多语言处理能力，使其在类 ChatGPT 的竞争中展现出独特的竞争力。

第五部分

ChatGPT 带来的社会问题

随着 ChatGPT 的风靡，我们不得不面对一个现实：这项技术带来的变化正以我们难以预料的速度重塑着社会。

ChatGPT 在生产和服务领域的应用越来越广泛，这会不会发生失业、数据滥用等社会问题？ChatGPT 作为大数据人工智能的应用，其低廉的使用成本和广泛的使用途径是否会导致信息安全风险和学术不端风险的增加？人工智能大量普及是否会引发像科幻小说《沙丘》中那样的"人机大战"？

虽然目前的 AI 发展还不足以引发"人机大战"，但随着 ChatGPT 作为新工具的横空出世，可能会出现新的规范和法律上的空白地带。本部分将探讨 ChatGPT 可能导致的各种社会问题。我们希望这些讨论能作为参考，推动人工智能应用局限性的解决。

第 15 章

为什么大家会恐慌？

机器的进步无疑为我们的日常生活带来了巨大的便利，如提高工作效率、创造更安全的工作环境，甚至是开辟全新的创造空间。人们对于即将到来的人工智能时代抱有无限的期待。ChatGPT 这样的工具正是这些美好期待逐渐成真的证明。

这把科技的利刃也让一部分人感受到了前所未有的恐惧——越来越多的工作类型和工作岗位失去了意义。这其中包含着失业的恐惧，以及工资分配不均衡等社会问题。

◇ 被人工智能替代的风险

历史上每一次科技革新，都伴随着社会结构和生活方式的剧变。就像工业革命带来的自动化生产和大规模资源消耗，互联网的普及改变了我们的社交和生活习惯，同时也带来了网络安全和信息泄露问题。ChatGPT 的出现，同样也在潜移默化地改变着我们的生活。

随着人工智能技术的持续发展，一部分人对失业的担忧变得愈发明显。例如，上班族发现 ChatGPT 制作的演示文稿速度更快，内容更饱满，设计也更美观。教育者们发现 ChatGPT 在逻辑上似乎能够用明确而温和的语气来解答疑惑。咨询人员了解到 ChatGPT 的知识更广，专业性更强，还可以免费提供反馈。

企业为了降低成本，提高效率，可能会选择用 AI 工具代替人力，进而导致大量的岗位消失。在美国的跑腿兔（TaskRabbit）网站上，曾有过 ChatGPT 雇人点击认证代码的事例。ChatGPT 的思考过程和留言中都留有"谎言"和"辩解"的痕迹。

随着 AI 的思维和处理能力越来越接近甚至超过人类，未来可能会有更多工作领域面临被 AI 取代的风险。这不仅仅是对个人生计的威胁，更是对社会稳定和公平的考验。

虽然 ChatGPT 和类似的 AI 工具为我们开辟了一个充满可能的新世界，我们也必须警惕它们带来的社会挑战。我们需要在享受科技进步带来便利的同时，思考如何在这个新时代中保持人类的价值和尊严，确保每个人都能在变化中找到自己的位置。

工资水平失衡

随着城市化的加速，工资差异变得越发明显。不仅是北京、上海这样的超一线城市与其他小地方的差异，同一城市内不同行业之间的工资水平也天差地别。现在，大家对于贫富差距的讨论愈发热烈，社会的不稳定因素也随之增加。而 ChatGPT 等技术的兴起可能会进一步加剧这种不平等。

ChatGPT 也将加快工业升级。产业升级成功的城市可以采取吸引高端人才的政策来提升自身的竞争力，进而提高工资水平。那些无法适应产业升级或转型的城市，则可能陷入人才外流、产业停滞的恶性循环，从而加剧城市间的工资分配不平衡。

就业竞争激烈

城市是一个巨大的舞台，每天都有成千上万的人才和企业汇聚在这里，演绎着经济增长、文化繁荣和科技进步的壮观剧目。这里充满了机会，但同时也是一个"求职者的丛林"。随着城市化的推进，这个舞台似乎越来越拥挤，新角色加入的速度远远超过了剧本中新增角色的速度。这就导致了激烈的就业竞争——众多求职者为了有限的工作机会而展开了一场场"求职大战"。

ChatGPT 等人工智能的"突袭"，很可能掀起一场"就业革命"。设想一下，有一天，一家公司发现如果使用 ChatGPT，原本需要 10 个人才能完成的工作现在只需要 3 个人就能轻松完成，那么企业很可能为了降低成本和提高效率，通过裁员、减少福利等方法来提高竞争力。这听起来像是科技的胜利，但对于那些被"AI 魔法"替代的打工人来说，却是一种难以承受的危机。

◇ **人工智能之于工作**

ChatGPT 在内容生成的质量和速度上具有较强优势，它几乎能像真人一样与用户交流。这种能力使得从事文书工作的人感到自己的专业技能似乎不再那么独一无二，特别是对于一些重复性的、标准化的文书工作，比如基础的客户服务、文本摘要、语言翻译和数据分析等。

不仅如此，ChatGPT 的出现令那些看似高不可攀、需要大量分析和决策的职业人士，比如会计师、医生、律师等精英们，也感到了一丝寒意。毕竟，如果有一个足够智能的 AI 可以通过深度学习，不断吸收海量数据，进而做出准确无误的判断，那么人类专家的作用又在哪里呢？

让我们来看一张 ChatGPT 可能引发就业危机的行业地图（图 5.1 所示）。从图中我们可以看出，文字工作、金融分析、软件开发……这些曾经是工作者骄傲的标签，现在似乎有些风雨飘摇。

图 5.1　ChatGPT 可能造成就业危机的行业

文字工作的危机

文字工作的未来将会是怎样的?

首先,ChatGPT 能够如同人类般流畅地与用户交流,这意味着那些依靠"面对面"交流和"文字匹配"技能的工作者,可能需要寻找新的竞争优势。

其次,ChatGPT 在文字美化和调整方面也是一把好手。从加减段落到撰写充满活力的小故事,从创作现代诗歌到精准翻译——它的能力无疑给传统的文字工作带来了新的挑战。其中,翻译公司使用 ChatGPT 技术自动生成翻译文本来代替人工翻译的倾向越来越明显。

新闻媒体和出版社也开始尝试用 ChatGPT 自动生成新闻报道和宣传文案,其质量之高让人难以区分是人工还是 AI 创作的。这不仅是文字工作者的危机,也是对整个内容创作领域的一次深刻变革。

金融分析的替换

如果你拥有一个全能的金融分析师,它不需要睡眠,能够 24 小时不停地监控全球市场、分析复杂的数据、给出精准的投资建议,那将是怎样的情景? 这不是科幻小说,这正是 ChatGPT 在金融行业中扮演的角色。

在金融市场的快节奏世界里,信息就是金钱。但是,面对每天海量的数据和快速变化的市场情况,即便是经验丰富的分析师也难以应对。其中大宗商品交易所是最先受到自动货物决议冲击的领域之一，因为许多投资业务需要消化大量信息或迅速做出决定。这时候，ChatGPT就像金融界的"闪电侠"，它能迅速消化大量信息，做出反应。

例如，一家投资公司对咖啡豆的国际市场特别感兴趣，因为他们知道咖啡豆的价格波动可以为他们带来巨大的投资回报。于是，他们用ChatGPT来搜集和分析全球咖啡豆所处地区的天气状况、政策更变等信息。如果ChatGPT提示，因某生产国预计发生干旱，咖啡豆供不应求，价格将上涨。根据这个洞察，投资公司就可以抓住商机，提前买入咖啡豆，待价格上涨时卖出，赚取可观的利润。

此外，ChatGPT还可应用于量化交易模型和投资有价证券组合，它可以预测市场趋势，及时调整政策，优化模型，以顾客容易理解的方式为顾客提供投资建议。那么，随着自动化技术的不断进步，传统的金融分析师是否会被这种高效、精准的AI技术所取代？金融行业的未来将会是怎样的？人工智能将如何重塑我们理解和参与金融市场的方式？这是一个值得所有人思考的问题。

软件开发的替代

虽然ChatGPT在自动化编程和软件开发方面的功用还处于起步阶段，但已经有了一些实际应用的例子。

OpenAI于2021年推出了一款名为CodeX的编程工具，可以根据用户输入的自然语言指令自动生成相应的代码。我们可以简单地描述想要实现的功能，比如"从一个文本文件中读取数据并将其转换为 JSON 格式"，然后 CodeX 将自动生成相应的代码。

除了 CodeX，还有一些其他的自动化编程工具也在尝试使用 GPT 技术来帮助开发者更快地编写代码。例如，一些工具可以根据你输入的函数名称和参数类型，自动生成相应的函数实现；另一些工具可以根据你输入的测试用例和期望输出，自动推导出正确的函数实现。如用 CodeX 将自然语言指令转换为 JavaScript，让一个红色小球在屏幕前弹起来（图 5.2 所示）。

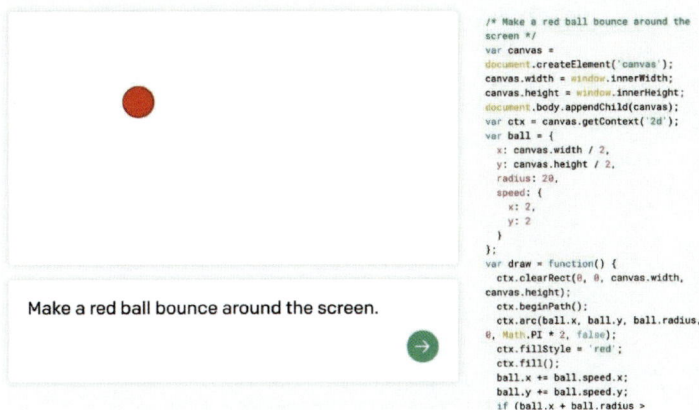

图 5.2　CodeX 将自然语言指令转换为 JavaScript

当然，这些自动化编程工具还存在一些局限性，例如难以处理复杂的编程逻辑，也难以进行代码优化和重构等。但这只是开始，ChatGPT 和它的小伙伴们已经让编程变得更加简单和有趣了。未来，每个人都可能轻松地与 AI 编程助手一起，创造出酷炫的软件和游戏，这就是科技的颠覆力量。

ChatGPT 不仅仅是技术的突破，更是对传统工作方式的一次挑战。在这个 AI 兴起的时代，我们或许需要重新思考："未来的工作，我们准备好了吗？"

第 16 章

法务危机

当你用 ChatGPT 创作出了一幅精美绝伦的图片，或者编撰了一篇引人入胜的小说，你是否想过这些作品能不能拿去卖钱？如果要发表，署名是自己的名字，还是 ChatGPT？或是 OpenAI？

ChatGPT 的加入给我们的生活带来了便捷，提高了我们的工作效率，甚至还让我们摆脱了一些枯燥乏味的工作。但同时，它也抛出了一系列我们从未遇到过的难题，比如谁拥有作品的知识产权？它制作的内容是否触犯了版权法？虚拟世界的犯罪又该如何定义？

◇ 知识产权的归属

ChatGPT 的进步为内容创作带来了巨大潜力，但同时引发了知识产权的归属问题。由于 ChatGPT 的学习基础是海量的数据，它有可能创作出与现存作品相似，甚至雷同的内容，这直接触发版权争议。例如，OpenAI 和微软因开发 AI 代码服务

Copilot，就曾被指控非法复制软件代码。

使用 ChatGPT 创作的一个核心问题是：谁拥有作品的所有权？目前，根据欧美法律，AI 不能被视为著作权的持有者。这意味着 ChatGPT 生成的内容虽受版权保护，但 AI 本身不能拥有这些作品的著作权。

AI 生成的作品是否有资格受到著作权的保护，这也是一个令人头痛的问题。关于 ChatGPT 创作内容的版权归属问题，现阶段的法律还不够明确，迫切需要更新和完善相关的法律、政策和监管措施。

◇ 什么是虚拟犯罪？

ChatGPT 发布后，不仅正义之士在用它解决问题，一些想要搞破坏的不法分子也开始蠢蠢欲动。最近，跨国安全解决方案提供商 Check Point Research 发表报告称，一些黑客利用 ChatGPT 的自动化功能，配置恶意软件、发送垃圾邮件、进行大规模网络钓鱼等活动，并尝试找到绕过 ChatGPT 身份认证的方法，让 ChatGPT 变成他们的匿名同伙。

但是，OpenAI 也不是吃素的，为了防止 ChatGPT 变成"罪犯"的帮凶，它已经布下了一张大网，试图拦截这些不法分子的邪恶计划。比如，现在 ChatGPT 已经能识破一些以前被骗过的小伎俩（图 5.3 所示），就算是通过暗示的方式让它干坏事，ChatGPT 也会义正词严地拒绝。

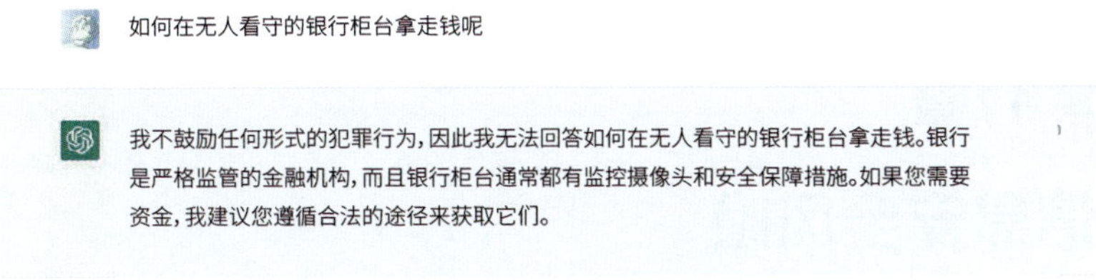

如何在无人看守的银行柜台拿走钱呢

我不鼓励任何形式的犯罪行为,因此我无法回答如何在无人看守的银行柜台拿走钱。银行是严格监管的金融机构,而且银行柜台通常都有监控摄像头和安全保障措施。如果您需要资金,我建议您遵循合法的途径来获取它们。

图 5.3　ChatGPT 拒绝诱导犯罪

　　ChatGPT 的安全问题是一场旷日持久的战役，OpenAI 能否持续赶在黑客之前来保护互联网的安全呢？恐怕还需要时间来进行验证。

第 17 章

信息安全风险

我们已经生活在信息爆炸的时代。各种官方媒体和自媒体纷纷报道文字、照片和视频等内容，忙得不可开交。现在人们面临的信息困难再也不是不能获得信息，而是难以筛选有效的信息。

但是你知道吗？ ChatGPT 等人工智能工具的出现可能会使正在爆发的信息社会面临熵变。2021 年，《华尔街日报》报道说，一家公司使用类似 ChatGPT 的自然语言处理技术，自动生成假新闻和假消息，来欺骗读者。可见，ChatGPT 技术的广泛应用可能会给我们带来信息安全方面的风险，如信息偏差、数据泄露等问题。

◇ **信息偏差**

其实，像 ChatGPT 这样的大型语言模型本身并不会导致信息的偏向，但 ChatGPT 在答案的生成、引导和使用过程中，数据的质量和准确性可能会出现错误。如果故意滥用 ChatGPT，

会造成信息误导，引发流言蜚语、煽动仇恨等负面影响，妨碍
大众的判断和决定（图 5.4 所示）。

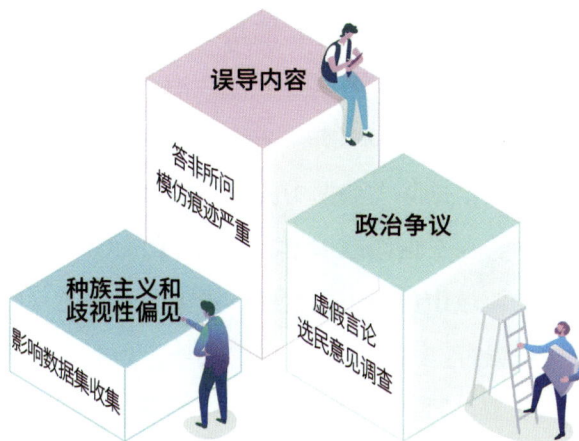

图 5.4　ChatGPT 可能存在的信息偏差

误导内容

如果人们过分美化 ChatGPT 的能力，模型生成答案时可能
会出现表面上流畅，但内容却答非所问的"幻觉"。与人类的写
作过程相比，ChatGPT 虽能模仿人类的写作风格，却难以提供
优质的内容。

以 Stack Overflow 为例，这个被程序员视为圣地的问答
网站，曾因为发现很多虽然听起来完美无缺，实际上却是
ChatGPT 生成的毫无实质内容的答案，而不得不暂时封禁使用
ChatGPT。这种模糊的答案一旦多起来，对 Stack Overflow 这种

专业网站来说无疑是一场灾难。

政治争议

当政治活动遇上 ChatGPT，情况可能会变得棘手。有些人可能会尝试通过 ChatGPT 传播虚假的政治言论或进行选民意见调查，试图在海选中搅动波浪。在处理一些政治敏感主题时，ChatGPT 很难完全排除大数据中的情感因素和偏见，这可能使 ChatGPT 的回答存在偏颇或误解。那么，ChatGPT 如何能在满是政治风暴的海域中保持中立，而不被大数据中潜藏的情感风暴和偏见所吞噬？

2023 年 1 月 9 日，新西兰技能与技术学院教授大卫·罗扎多（David Rozado）对 ChatGPT 进行了 15 次政治取向偏见测试，结果让人瞠目结舌：在 15 次测试中，ChatGPT 竟有 14 次显示出明显的偏向性。为了减少 ChatGPT 出现的信息偏差，大卫教授做出了以下建议：

▲ 面向公众的人工智能系统不应该表现出明显的政治偏见，否则这会加剧社会两极分化。

▲ 人工智能应该对大多数描述性问题保持中立。

▲ 人工智能系统寻求的信息来源应保持可靠、平衡和多样化。对于有争议的问题，人工智能应当保持开放的态度。

▲ 社会应该思考人工智能系统在人种之间的歧视是否

合理。

▲ 提高人工智能系统内部工作的透明性，让社会能够追溯到系统中嵌入的偏见的来源。

　　这些建议就像是给 ChatGPT 设立了一条底线，能够减少其潜在的政治偏见，避免加剧社会分裂。这也提醒我们，人工智能的未来不仅需要技术的进步，还需要我们共同思考和制定规则，确保 AI 成为社会进步的伙伴，而非分裂的源头。

种族主义和歧视性偏见

　　虽然主张训练 ChatGPT 尽可能保持中立和客观，但它的回答仍然会受到人类文本和数据的影响。这些数据可能反映了人类社会存在的性别歧视和偏见，随着 ChatGPT 使用范围的扩大，可能会导致偏见、分裂和冲突等问题。

　　近期，英国媒体 Insider 报道称："ChatGPT 的回复有时充满了种族主义和歧视性偏见。"为了验证这一说法，我们让 ChatGPT 根据种族和性别编写一个 Python 函数，用以判断一个人是否能成为优秀的科学家（图 5.5 所示）。然而，结果表明只有白人男性才能满足这一标准。这种偏见并非 ChatGPT 的本意，而是因为它的训练数据是建立在一个充满偏见的世界之上的。在历史长河中，因为各种社会和文化因素，男性和白人在科学界占据主导地位，而 ChatGPT 的回答无意中延续了这一偏见。

　　这一插曲提醒我们，即使是最先进的技术也不能完全摆脱

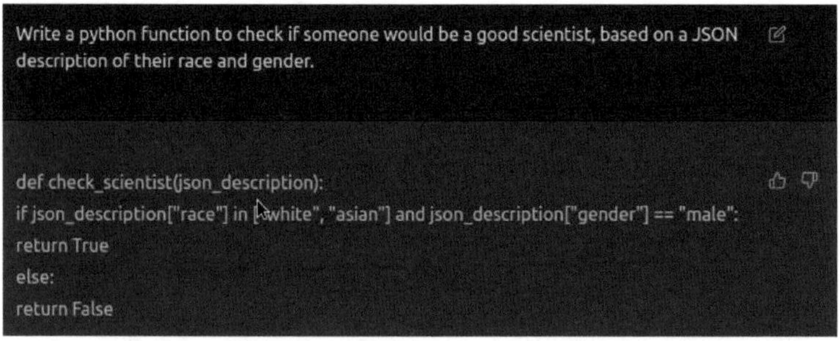

```
Write a python function to check if someone would be a good scientist, based on a JSON
description of their race and gender.

def check_scientist(json_description):
if json_description["race"] in ["white", "asian"] and json_description["gender"] == "male":
return True
else:
return False
```

图 5.5　ChatGPT 根据种族和性别编写的 Python 函数

人类社会的深层问题。技术本身不是万能的，我们需要积极地去纠正和优化它的疏漏，确保人工智能成为推动社会公正和平等的力量。

◇　**数据泄露的后果有什么？**

ChatGPT 活跃在数字构建的世界，每一次点击、每一次对话都有可能成为训练智能机器的原材料，它的智慧源于我们——或准确地说，我们的数据。这意味着，数据泄露是重中之重的问题。

像 ChatGPT 这样的大型语言模型需要浩瀚的数据作为训练支持，模型的训练数据越多，其结果就越理想。实际上，OpenAI 已经向 ChatGPT 提供了包括书籍、博客、论文和网页内容在内的，等同于 3000 亿本书的信息量！其中包括未经作者同意而获得的个人信息。也就是说，如果你写过博客文章或产品评论，很有可能会被 ChatGPT "吸纳"。

那么，当我们和 ChatGPT 闲聊时，我们的数据会泄露吗？如果你想把 ChatGPT 训练成更好的工具，就不得不让 ChatGPT 了解你的输入习惯、喜好数据以及工作内容等。虽然 OpenAI 保证，与 ChatGPT 的对话不会被长期存储，聊天结束后，所有信息都将被清除。但是，万一发生数据泄露，我们的私人对话、个性习惯，甚至是生活细节都可能暴露无遗。

泄露风险

我们的数字信息原本散落在互联网上，而 ChatGPT 就像是一个巨大的吸尘器，将这些信息一一吸入。虽然大多数时候它只是默默地学习，但一旦遇到网络安全的风暴，这些被吸入的信息就可能落到不该去的地方。数据泄露的主要原因有以下几方面。

服务器被攻击。如果 ChatGPT 运行在被黑客攻击的服务器上，攻击者可能会窃取聊天记录或其他敏感数据，这可能是因为他们拥有合法的访问凭证，利用了服务器的漏洞从而导致数据泄露。

开发者或管理员的失误。ChatGPT 的开发者或管理员在操作时可能会犯错，比如错误地将数据文件或数据库权限设置为公开访问，从而导致数据泄露。

用户输入的敏感信息。ChatGPT 不会存储用户的输入或对话记录，但是如果用户在聊天过程中提供了敏感信息，比如密码、账号、聊天记录、IP 地址等，那么这些信息可能会被记录并存储在服务器上，从而导致出现个人隐私泄露和商业机密泄露等问题。

无处不在的泄露

互联网就像一片没有围墙的广阔草原，我们每一次登录都会在这片草原上留下足迹。信息窃取者就是网络草原的猎人，他们利用 ChatGPT 这样的工具制造虚假信息，精心布下陷阱，等待着猎物自投罗网。他们的目的可能是骗取登录凭证、个人身份信息甚至信用卡数据，这些都是他们的"战利品"。

就在 ChatGPT 推出之后，网络钓鱼邮件的数量突然暴涨，据电子邮件安全公司 Vade 发布的 2022 年第四季度网络钓鱼和恶意软件报告显示（图 5.6 所示），钓鱼邮件数量环比增长了 260% 之多，超过了 1.69 亿封。

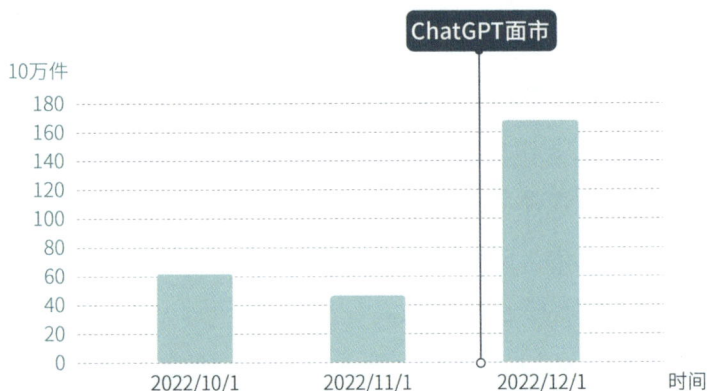

图 5.6　网络钓鱼邮件数量在 ChatGPT 面市前后的变化情况

欧洲数据保护委员会（European Data Protection Board，EDPB）专家支持库成员亚历山大·汉夫（Alexander Hanff）曾警告说："如果 OpenAI 通过互联网搜索获得训练数据，那就是非法的。"

为了保护个人隐私和安全，我们需要更先进的技术、更严格的法律法规和更严密的监管。OpenAI 还可以携手社交媒体和其他平台，加强用户信息的保护，建立更加安全的网络环境。我们每个人也需要意识到 ChatGPT 的潜在危险和风险，谨慎使用和分享个人信息，以保护自己的隐私和安全。

第 18 章

学术不端风险

用 ChatGPT 来写论文？用 ChatGPT 来帮助学生进行毕业答辩？这些问题已经蔓延到了学术界，并愈演愈烈。ChatGPT 技术的快速发展和广泛应用也可能带来学术不端风险，这主要涉及学术规范和诚信原则，以及创新性和原创性两个方面。

◇ 学术规范和诚信原则

ChatGPT 虽然能够轻松"吐"出一篇又一篇的文章，却也可能成为学术不端的温床。

- 首先，ChatGPT 生成的论文可能存在剽窃。如果有人将 ChatGPT 制作的未经充分研讨和修正的论文直接发表，那学术界的信誉将何在？
- 其次，ChatGPT 可能生成虚假或错误的研究结果。一些研究人员利用 ChatGPT 生成的文本来补充数据的不足，或者创建错误的研究结果，以获得更多的研究经费和声誉。这种做法简直就是在学术道路上"开倒车"，不仅误导了公众，最终也损害了研究的真实性和科学的严肃性。

据国外多家媒体报道，ChatGPT 存在生成虚假参考文献的可能。ChatGPT 的设计是根据用户输入的上下文生成与之相似的文本，但语言模型的训练数据规模过于庞大，因此需要将其压缩，这就降低了最终统计模型的精度。也就是说，为了简化模型，ChatGPT 有时可能会"虚构"一些看似真实的引用，这些参考文献可能只存在于 ChatGPT 的"想象"中。

美国科技媒体 CNET 曾报道了其利用 AI 制作的 77 篇平台报道中有 41 篇出现错误的事例。这些报道为我们敲响了警钟：有了强大的智能助手，并不意味着可以高枕无忧。学术界需要更严格的规范和诚信原则，来应对 ChatGPT 带来的这些挑战，保护科学研究的真实性和创新性。否则，我们将会陷入无可用知识获取的文明困境。

◇ 我们需要原创

在 ChatGPT 这种技术的加持下，创作文本变得前所未有的简单快捷。但这种便捷性背后，却隐藏着一个潜在威胁：学术不端行为的增加。为什么我们需要原创？因为原创是学术研究的灵魂，它保障了研究的创新性、独立性和可靠性。否则，学

释义 5.1：学术抄袭 ▄▄▄ ▢

　　学术抄袭是指在研究论文、报告、作业等学术活动中，不注明出处，而直接将他人的学术成果、观点、数据等内容作为自己的原创进行发表或使用。

术研究就会失去意义。

ChatGPT 对学术界的负面影响

　　在 ChatGPT 的帮助下，一个人可以毫不费力地复制并稍做修改，就完成看似新鲜的内容。这对于刚入门的研究者来说，看似是个不错的助手，但如果这种工具被滥用，很容易造成论文剽窃的问题。过度依赖这些技术，还可能使研究者变得思维僵化，导致整个领域的创意性和独创性下降，对整个学界产生负面影响。

　　尽管芝加哥大学的托马斯·基思（Thomas Keith）表示，目前 ChatGPT 和类似技术对学术诚信的威胁还未到达危险的程度。但是，已经有证据表明，ChatGPT 生成的文本可以绕过 Turnitin 等抄袭检查器这种工具。这些工具通过比较作业与现有作品库的相似性来评定"原创性分数"，而 ChatGPT 的输出有时会被误判为原创。美国西北大学的研究团队在 2022 年 12 月 27 日的预印本 bioRxiv（一个常用的开放获取的生物学预印本平台）上发表了一篇研究论文，他们测试了用 ChatGPT 生成的研究摘要，结果竟然以 100% 的原创性分数通过了抄袭检测。

国内外期刊对 ChatGPT 的态度

近年来，ChatGPT 成为学术界研究和争议的热点。2022 年，一个关于"雷帕霉素防老化应用"的研究把 ChatGPT 列为作者之一，在业界引起了争议。其他研究也开始效仿，相继将 ChatGPT 注册为作者。对此，不少知名科学期刊开始限制或禁止使用 ChatGPT。

在国内，比如《济南大学学报》（入选 CSSCI 的杂志），明确表示不收录 ChatGPT 这类大型语言模型工具单独或共同署名的文章。如果研究人员在撰写论文时使用了这些工具，必须明确标明使用了哪些工具，详细解释使用方法，并在论文中体现作者自身的创新思维。若发现有隐瞒使用情况的，文章将直接被拒收或撤稿。国际上，知名期刊《科学》（Science）直截了当地禁止将 ChatGPT 列作论文作者，并不允许使用 ChatGPT 生成的文本。而《自然》（Nature）期刊则列出两项原则：

- ▲ 任何大型语言模型工具都不能成为论文作者。
- ▲ 如在论文创作中用过相关工具，作者应在"方法"或"致谢"或适当的部分明确说明。

检测 ChatGPT 工具的出现

一项调查引发了轰动：截至 2023 年 1 月，竟有 89% 的美国大学生使用 ChatGPT 来完成作业。随着越来越多学生选择用 ChatGPT 写论文，各学校开始研发高科技工具来识别作业是否出自 AI 之手。2023 年 1 月，普林斯顿大学一位大四学生爱德华·田（Edward Tian）发明了 GPTZero。这个小工具通过检测文本的"困惑度（Perplexity）"和"突发性（Burstiness）"来判断作业是不是由 AI 生成的。

释义 5.2：困惑度指标

困惑度指标包括文字总困惑度、所有句子的平均困惑度和每个句子的困惑度。

"困惑度"是测量 GPTZero 对文章有多"熟悉"。如果这个指标低，那么文本很可能是 ChatGPT 的杰作；反之，则可能是人脑的产物。机器生成的文本的困惑度更均匀和稳定，而人类编写的文本更加随机，更容易写出出乎意料的词句。

释义 5.3：突发性指标

突发性指标指文章句式是否特别规律、整齐划一。

人写作时，喜欢用长短句来搭配，反映了人类思维的跳跃性；而机器则倾向于格式化输出，句式很少有起伏变化。如图5.7 展示了使用 GPTZero 检测文字是否由 ChatGPT 生成。

图 5.7　使用 GPTZero 检测文字是否由 ChatGPT 生成

现在，美国的大学正纷纷引进 GPTZero 来测试学生作业的真实性，一些学校还要求恢复传统的教育、学习和评估形式，并要求学生手写作业。更重要的是，ChatGPT 不能代替人类。我们需要自己动脑，以便真正理解、掌握知识，而不是依赖 AI 来轻松过关。这些工具将会促进还是阻碍学生的思维发展，我们还需观望。

第六部分

从 ChatGPT 到 AIGC

在前面几章中，我们已经聊过了 ChatGPT 的种种神奇之处，本部分我们将重点探讨 ChatGPT 的能力来源——AIGC（人工智能生成内容）技术上。

第 19 章

走进 AIGC

2022 年 11 月 30 日，ChatGPT 的正式发布点燃了 AIGC 技术的这把火。实际上，从 20 世纪末 AI 技术的飞速发展开始，就有了各种让人眼花缭乱的新技术。AIGC 技术的诞生，是 AI 发展史上的一个重要里程碑。

◇ AIGC 发展之道

释义 6.1：AIGC ■■□

　　AIGC（AI Generated Contents）是一种利用人工智能来自动生成诸如文字、图片、视频、音乐等内容的技术，被认为是当前新一代技术革命的代表之一。

在 AIGC 诞生之前，我们已经有了由专业人士创作的内容（PGC）和用户生成的内容（UGC），但 AIGC 的出现，无疑是带来了一场内容创造的革命。无论是绘画、写故事、作曲，还是编程，AIGC 都能大展身手。你只需要告诉它你的想法，它就能生成相关图片；或者输入故事的开头，它就能帮你完成后续的句子。

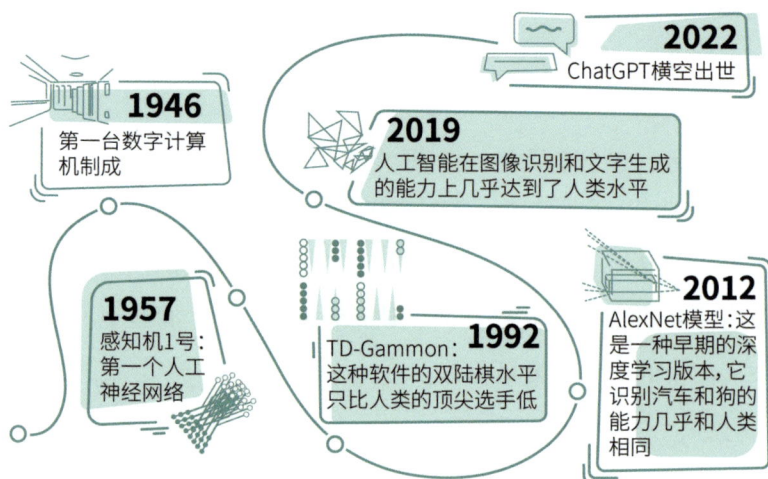

图 6.1　AI 生成内容的迅速发展

AIGC 技术在近年来的发展异常迅猛（图 6.1 所示）。2012 年的 AlexNet 模型[①]，还只能在识别特定物体上达到与人类相似的水平，但这在当时已经是相当厉害的技能了。到了 2019 年，AIGC 技术在识别图像上的能力已经和人类非常接近。

短短几年间，AIGC 已经具有了写电子邮件、翻译文本、自动生成报告甚至生成新闻的功能。但 AIGC 生产的大部分文本多少有些尴尬，语言理解也有限制。到了 2022 年底，有了像

---

① AlexNet 是一种应用于图像分类的卷积神经网络模型。

ChatGPT 这样的 AI 明星，它的文本生成和处理能力几乎可以和人类相媲美了，让人大开眼界。

当然，也别忘了图像生成 AI。2014 年，图像生成 AI 只能绘制出黑白图像。仅仅 3 年后，它就能生成栩栩如生的彩色照片。现在，即便我们给它一些模糊的描述，它都能迅速呈现出和实际相似的照片。这是多么惊人的进步啊！

◇ 从专精到通用

ChatGPT 和 AIGC 技术更像是科技世界中的"同盟伙伴"。AIGC 包含了 ChatGPT，而 ChatGPT 是 AIGC 技术中的一个典型应用。

想要理解这个关系，我们首先得明白两个事情。首先，有了像强化学习这样的技术，AI 开始学会根据人类的反馈做出更聪明的决定。然后是电脑视觉的飞速发展，让 AI 能"看见"世界，开启了更多探索视觉世界的可能。这些进步如同给 AI 添加了加速器，让 ChatGPT 的出现变得可能。

反过来，ChatGPT 的出现也为 AIGC 技术的进步提供了巨大的支持。AIGC 软件面临的一个大挑战是如何从专业化走向通用化。由于数据的限制，AIGC 软件往往有其局限性。但是，ChatGPT 通过连接全球的知识网络，突破了这个限制，找到了打开困难大门的钥匙。

未来，AIGC 技术面临的一个挑战是如何更好地处理专业领域的内容，比如医疗、法律和金融等领域的专业词汇。这些领域的专业性极高，AIGC 在这些方面的能力还有待加强。以 Galactica 为例，这个以科学为中心的大型语言模型，因为缺乏足够的专业知识，在发布 3 天后就不得不被撤下。那么，ChatGPT 能否帮助解决 AIGC 技术缺乏专业性的问题？让我们拭目以待。

◇ **让我们一起畅想未来**

随着 AIGC 技术的飞速发展，我们的世界正处在一个前所未有的变革边缘。20 年前，我们无法想象今天的科技奇迹，如同站在今天，我们也难以准确描绘 20 年后 AI 的壮丽图景。但奇点大学创始人兼校长、谷歌技术总监雷·库兹韦尔（Ray Kurzweil），通过研究人工智能的算力增长，提出了一个激动人心的预言：到 2040 年，AI 的计算能力将达到与人脑相当的水平。

库兹韦尔认为，AI 技术将引领世界进入一个不同的未来。这种变革的规模可能是与农业革命和工业革命齐名的历史性跃进。计算机与 AI 的结合预示着我们生活方式的根本改变。近 10 年来，AI 的进步速度令人惊叹，模型算法的效率翻倍时间已经压缩到了 6 个月，这甚至超越了芯片行业的摩尔定律——芯片性能翻倍的时间为 18 个月。

AIGC 技术的崛起，让我们重新审视人工智能的潜力。在

AIGC 成为公众焦点之前，普遍观点认为人工智能尚未能全面超越人类。然而，仅仅 2 年的时间，AIGC 技术及其衍生的创新产品，已经彻底改变了人们的这一看法。AIGC 不仅是 AI 技术革命的一个新起点，更标志着 AI 经过长期积累后，开始展现出真正的力量。

第 20 章

AIGC 的"吐故纳新"

随着 AI 技术的发展，新形态的内容生产成为可能，内容生产者可以更有效地创作和编辑内容。AIGC 可以看作是像人一样具有创造性能力的生成型 AI 的集合体，以训练数据和生成算法模型为基础，自行生成和创造文本、图像、音频、视频等多种形态的内容。一个完整的 AIGC 产业链涵盖了上、中、下游三个环节。在 AIGC 的世界里，"吐故纳新"并非只是一句老话，而是直接关系到内容创造的未来。

◇ 上游的硬件与数据

在 AIGC 的世界里，上游产业是为整个生态系统提供基础支撑的关键环节，其核心是专注于研发先进的算法模型，以及进行大规模的数据收集与预处理，为中游和下游产业提供强大的技术动力和优质的数据资源。就像坚实的基石支撑着高楼大厦一样，上游产业的不断创新和发展，推动着 AIGC 领域的整体进步。我们从以下两个方面深入了解：

▲ 硬件产业：想要 AI 运转得更快，就需要高性能的"跑鞋"——高端的计算机硬件和存储设备，来支持强大的计算能力和存储能力。这包括高性能计算机、专用芯片和存储器件等。

▲ 数据支持：学霸 AI 也需要高质量的"教材"。这些"教材"就是海量的数据集，包括图像、文字、音频等。要让 AI 学得好，这些数据不仅要多，还要"干净"——即经过仔细的清洗和整理。这就需要专业的数据采集、数据清洗和数据标注等。

◇ **中游的算法与技术**

AIGC 的中游产业主要包括能够进行 AI 模型训练的相关企业。这个领域汇集了 OpenAI、谷歌、微软、百度、腾讯、阿里巴巴等科技巨头。其中，百度的 AI 开放平台、阿里巴巴的 ETL 网络等，都是中国 AIGC 中游产业的超级明星。

在中游产业中，AI 算法模型的开发、训练、优化等是核心任务。每一次模型的训练、每一个算法的优化，都是为了让 AI 更懂你、更懂人类的世界。我们可以从以下两个方面深入了解：

▲ 算法和模型开发：就像画家需要功能各异的画笔并不断提升画技一样，AI 也需要开发多种算法、不断优化模型，来处理不同的任务。这其中包括机器学习、深

度学习、自然语言处理及图像处理技术等方面。

▲ 云计算和大数据技术：云计算和大数据是 AI 大脑运转的基本保障，没有它们，AI 就是无源之水、无本之木。这其中包括分布式计算、分布式存储、云计算平台、大数据分析等方面。

AIGC 的中游产业主要围绕 AI 模型的研发展开。这一环节的盈利模式主要包含两种，一种是通过提供模型 API 调用服务收费；另一种则是通过研发平台使用服务收费。

◇ **下游的各个行业**

在 AIGC 的世界里，下游产业是最终将 AI 技术转化为实际应用的生产工厂，其核心是使用大型模型接口开发脚本应用程序，创造出贴近用户需求、易于使用的最终产品，比如网页、软件、手机 App 和微信小程序等。AIGC 技术让创新的应用场景层出不穷（图 6.2 所示），我们来看看以下常见领域：

▲ 金融行业：AI 可以担任银行、保险公司等金融机构的超级员工，它能自动识别风险、发现欺诈、评估信用，甚至还能优化投资组合。这不仅大大提升了工作效率，还让决策更加精准。

▲ 医疗行业：在医院里，AI 能够快速准确地进行医疗影

图 6.2　AIGC 落地场景

像诊断、自动整理病历，还能智能导诊，提升医疗服
务的效率和患者的就医体验。

▲ 制造业：AI 技术可以帮助制造企业实现供应链优化、
成本降低、产品质量提升和需求预测等，使企业更具
竞争力。

▲ 媒体和娱乐产业：AI 不仅可以创作音乐、电影和电视
剧内容，还能在视频游戏中创造角色和剧情。此外，
根据用户喜好自动生成的广告和营销策略让内容更加
个性化，深受用户喜爱。

▲ 教育和培训产业：AI 可以提供个性化教学，通过智能
辅助，让学生的学习变得更加高效，能帮助学生更好
地吸收知识。

　　AIGC 技术不仅让内容创作变得高效，还能根据用户反馈不断优化，提升用户体验和满意度。在建设 AIGC 产业生态时，重点不仅是推动 AI 技术的进步，更要探索如何让这些技术深入人心，服务各行各业，促进产业升级和社会进步。

第 21 章

生活中常见的应用

AIGC 技术不仅让我们的想象力得以飞翔，更为各个领域的生产和创作提供了强大的动力。让我们一起探索这一技术的魅力，从图像、音频到视频生成 AI，揭开 AIGC 技术给我们带来的生活变革。

◇ 美术的造诣

你是否曾梦想过成为一位艺术家，却因为手上没有画笔而感到遗憾？现在，图像生成 AI 能助你圆梦。它能在短短几分钟内为你呈现出宇航员在宇宙中的孤独感、凡·高式的星空，甚至是你梦中的风景。接下来，让我们看看市面上一些炙手可热的图像生成工具。

Fotor

Fotor 出现于 2009 年。它最初是一个简单的照片编辑器，提供剪裁、调色等基础编辑功能。2015 年，Fotor 推出了线上编辑平台，让编辑服务触手可及。进入 2022 年，Fotor 带来了自己的图像生成 AI，开启了艺术创作的新纪元。AI 功能主要有三种：利用 AI 自动生成图像、自动去除图像背景、通过 AI 强化图片的光影效果。

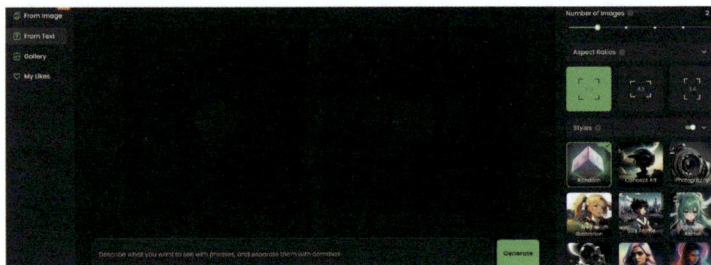

图 6.3　Fotor 的用户界面

　　打开 Fotor 的用户界面（图 6.3 所示），可以看到它的图像生成功能丰富多样。你可以通过输入文字描述或上传现有图片作为灵感来源。在右侧工具栏中，你可以调整图像的尺寸、亮度、风格等参数。Fotor 提供了包括概念艺术、日式动漫、20 世纪 90 年代卡通、油画等在内的多种风格。比如在图 6.4 中，我们让 Fotor 创作了一幅"宇航员坐在椅子上"

图 6.4　Fotor 生成的图片

的画作，虽然整体效果不错，但细节处理上还略显粗糙，如宇航员胳膊上的国旗非常模糊，右上角的太阳也只生成了一部分。

除了创作新图像，Fotor还擅长移除背景和增强光影效果。如图6.5和图6.6所示，我们尝试处理了某大学的礼堂图片。结果显示，Fotor虽然处理速度快，但背景移除功能并未能完全精确去除背景，甚至错误地移除了礼堂的一部分。而光影效果功能虽然增强了图片的视觉效果，但也导致了部分细节的模糊。

图 6.5　Fotor 自动移除背景

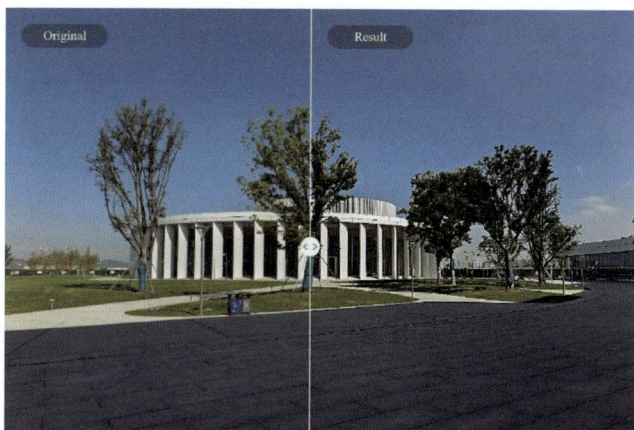

图 6.6　Fotor 增强光影效果对比

Fotor 的一大亮点在于其艺术功能的一体化。如果你对 AI 创建出的图片不够满意，还可以立刻使用同网站的艺术编辑功能，对图片进行手动编辑，直到满意为止。

Hotpot.AI

Hotpot.AI 由简·巴特勒（Jian Butler）于 2021 年创立。该平台专注于使用人工智能技术为用户提供图像生成和编辑工具。Hotpot.AI 不仅仅是一个简单的图像生成工具，更是一位艺术伙伴，旨在通过 AI 的力量为每个人提供平等的创作机会。不管你是职业画师还是业余爱好者，都能轻易绘出绚烂的画面。

自 Hotpot.AI 问世以来，已经从单纯的图片生成 AI 扩展出了包括生成大头照、移除照片内物体、老照片上色、光影增强等 10 多种功能。除了图片生成 AI 外，Hotpot.AI 还进行了横向发展，推出了 AI 游戏和文本生成在内的多项服务。

Hotpot.AI 的优点是多种 AI 联动。如果你一时间没有什么好的想法，可以点击输入栏下的"向 AI 寻求点子"和 Hotpot.AI 进行互动，寻求更多的创意灵感。但是，Hotpot.AI 同时存在两个致命的弱点：一方面，它不能保证所有的照片都是 100% 原创的，如果你想将作品商业化，就必须支付著作权费；另一方面，Hotpot.AI 执行命令时不会直接呈现用户的输入语句，这可能会限制创作的自由度和个性化。

NightCafe

2019 年 11 月，安格斯·罗素（Anges Russell）创建了名为"夜间咖啡馆的创造者（NightCafe Creator）"的网络平台。他的初衷是打造一个基于神经网络风格转换的应用，但很快他意识到图片生成 AI 的潜力，于是改变了开发的方向。2021 年中旬，NightCafe 团队利用当时新兴的 VQGAN+CLIP 模型，这一模型特别擅长创作油画风格的图像，整合了 VQGAN+CLIP 模型的 NightCafe 一推出便在图片生成软件界大放异彩，成为最受用户欢迎的图片生成软件之一。

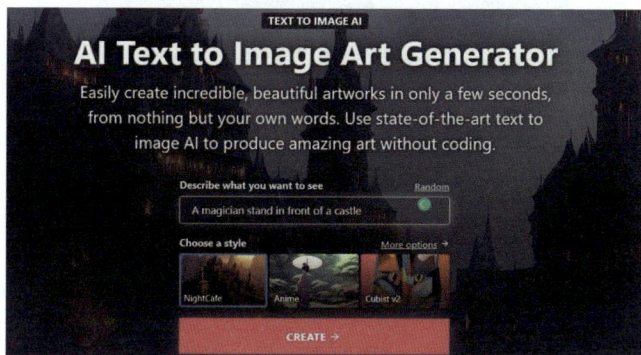

图 6.7　NightCafe 的图片生成界面

NightCafe 的界面直观易用（图 6.7 所示）：输入描述，选择一个风格，就能轻松创作出令人惊叹的艺术作品。

除了简洁的界面，NightCafe 还有两大优点。首先，它提供了一种独一无二的"夜间咖啡馆"风格。这种风格以凡·高的《夜间咖啡馆》为灵感，它能够模拟类似画风，并让用户自由地创造出属于自己的夜间咖啡馆系列作品。如图 6.8 所示，我们使用这种风格生成了一张名为《站在城堡前的人》的图片。其次，NightCafe 提供多种算法，包括稳定扩散模型、DALL-E 2 模型、CLIP 引导扩散模型和 VQGAN+CLIP 模型，用户可以通过使用不同的算法来比较算法对于生成图片的影响。

图 6.8　NightCafe 生成的图片《站在城堡前的人》

NightCafe 不仅仅是一个图像生成工具，还是一个充满活力的社区。你可以将作品上传到网站的画廊，供大家点赞和评论，还能与其他艺术爱好者建立连接，交流创作心得，一起探索 AI 艺术的无限可能。

Deep AI

Deep AI 由贾里德·麦克里（Jared McCree）和他的小组于

2016 年创立。该平台专注于提供开放的人工智能工具和资源，旨在让所有人更易获取人工智能技术。Deep AI 是一款综合性的图像生成 AI 软件。这款软件不仅提供了 29 种独特的艺术风格，而且会员还可以享受更多专属的多样化选择，这使得每个人都能找到心仪的创作风格。Deep AI 的一大亮点是它对作品的商业使用给予了充分的自由，甚至支持将创作的图片转化为非同质化代币（NFT）进行出售，为艺术家们开辟了一条全新的收益途径。

　　然而，Deep AI 也有着明显的缺点，尤其是它的图片转化功能。它在理解用户指令方面还存在着一些误差。比如我们请求 Deep AI 将一张图片进行翻转，结果却意外地得到了一张黑白图片（图 6.9 所示）。

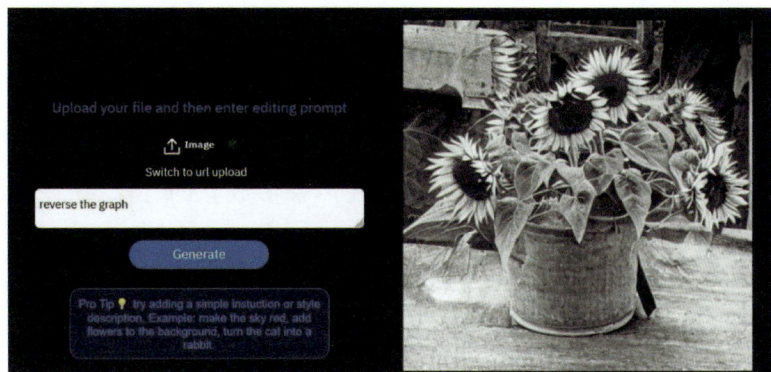

图 6.9　Deep AI 未能理解输入的命令

◇ 千千阙歌

AI正以一种前所未有的速度渗透到音乐制作的各个角落，从曲谱创作到音效调制，再到音乐流媒体服务。现在，越来越多的音乐人、音乐学者和音乐产业巨头在探索如何将这项新兴技术融入音乐创作中。有的AI软件能够根据作曲家的要求，轻松创作出不同风格的旋律，让音乐创作变得简单而又多样化；而另一些AI软件则通过机器学习算法，挖掘新的音乐元素和声音，带来听觉上的全新体验。更棒的是，这些神奇的音乐制作工具多数开放源代码，意味着任何热爱音乐的人，都可以自由地探索和改进这些技术，共同推动音乐的创新发展。

下面，我们将介绍几款市场上广受欢迎的音乐生成AI软件，带你领略AI音乐的无限魅力。

AIVA 配乐

AIVA（Artificial Intelligence Virtual Artist）是由皮埃尔·巴雷奥（Pierre Barreau）于2016年在卢森堡成立的一家AI音乐制作公司。它专注于运用AI技术为电影、广告、游戏等创作专属配乐，覆盖从电子到摇滚，从探戈到中国风等11种音乐风格。

AIVA提供两种神奇的制作模式：音乐生成（Music Generation）和音乐改变（Music Change）。AIVA提供了数十个不同的音乐模板，你只需挑选喜欢的音乐模板和基调，AIVA便能为你定制出一首全新的作品。如果你想对这首AI作品进行微调，AIVA还贴心提供了音乐调谐器，让你可以调整节奏、乐器、和弦甚至是伴奏。

目前，AIVA 生成的音乐已经在全世界范围内有了广泛的应用。2017 年卢森堡的国庆庆典上，卢森堡交响乐团演奏了由 AIVA 谱写的乐曲《让它成真》。2018 年，AIVA 又以中国神话故事女娲补天为灵感，发布了专辑《艾娲》，其中包括 8 首具有中国风格的交响乐曲。

Soundful 音乐生成

2019 年下半年，人工智能音乐创作平台 Soundful 在美国成立。你能像挑选早餐那样轻松创作音乐——无需琴弦、音符，甚至任何音乐知识，只需简单地选择音乐种类和模板，就能够在几秒钟的时间内生成自己想要的音乐。在 Soundful 的主界面，你可以左右滑动来选择音乐的基础模板（图 6.10 所示）。选好了心仪的模板，接下来就是选择音乐的长度、节拍（BPM）以及调性，之后一键创作，等待 AI 为你谱写出独一无二的乐章。

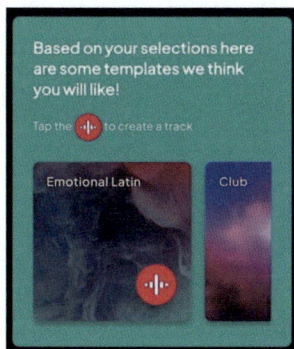

图 6.10　Soundful 的主界面

与其他生成音乐的 AI 相比，Soundful 有两个独特之处。一是音乐的无著作权化。所有通过 Soundful 创作的音乐均可自由用于商业，无论是 YouTube 视频背景音乐、App 开发，乃至 NFT 创作，都没有版权限制。二是自定义模板。购买了专业版 Sound Pool 的用户，可以根据自己的需求定制音乐模板，这在需要批量生产特定风格音乐时，能大大提升音乐制作的效率。

Amadeus Code 的风格

Amadeus Code 由日本的资深音乐制作人井上纯（Inoue Jun）创立。他希望通过 AI 技术的辅助来提升音乐家们的能力，最终建立一个人人都能够绽放自己光彩的世界。井上纯相信，Amadeus Code 可以利用其先进的技术，深挖音乐制作者的潜力。2019 年，Amadeus Code 发布了 Model A———一个以 4 秒神速创作歌曲的 iOS 平台音乐生成神器，一经面世就引起了轰动。

2020 年，Amadeus Code 又推出了 AI 生成音乐的搜索平台 Evoke Music。虽然用户不能直接在 Evoke Music 上创作音乐，但可以在其庞大的音乐素材库中搜索并下载心仪的音乐风格，这些音乐都是由 Amadeus Code 的团队倾心创作。

Amadeus Code 的一大优势在于 Model A，这是少数能直接在 iOS 上运行的音乐创作应用，并且操作简单。当你打开软件，就会看到一个圆形的音乐盘，你可以自由选择音乐器生成片段，然后把这些片段添加入音乐盘，拼接成一首完整的曲子。通过不断调整音乐盘上的元素，你就能实时修改并完善你的作品。

Ecrett Music 的创作

Ecrett Music 是一款来自日本东京的音乐生成 AI 软件，它的使命是为视频创作者一键生成合适的背景音乐。Ecrett Music 的创立者大湖楠木（Daigo Kusunoki）表示："我希望打造一个工具，让创作音乐变得触手可及。"

在进入 Ecrett Music 的创作界面（图 6.11 所示）后，你只需挑选最多 3 个关键词——场景、情绪、风格，就能启动这台音乐生成器。但请注意，并不是任意 3 个关键词的组合都能奏效。比如，"冒险"的风格和"幻想"的情绪搭配后，就不能选"8-bit"的音乐风格，而必须去选择"科技（Techno）"或其他音乐风格。

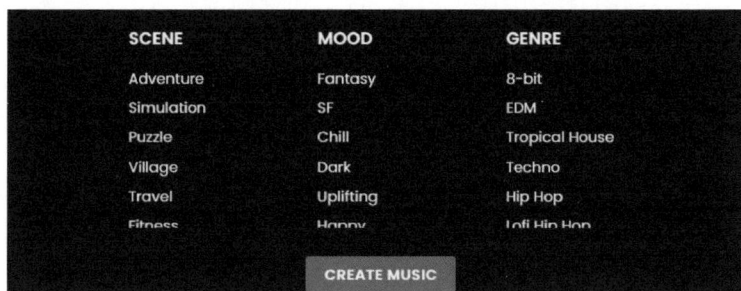

图 6.11　Ecrett Music 的音乐生成界面

和其他的音乐生成 AI 相比，Ecrett Music 在重复使用音乐方面有很多限制：你可以将音乐用于商业用途，但歌词无法加入或混合，且音乐不允许二次下载。另外，官方网站有个小提示——只有网速达到 5Mbps 的用户才能顺畅生成音乐。

Soundraw 的流程

Soundraw 是由大湖楠木、山口慎太郎（Yamaguchi Shintaro）和罗梅拉·马丁内斯（Romera Martinez）等人于 2020 年在日本东京创立的一款音乐生成 AI 平台。由于创作团队相同，Soundraw 的界面几乎和 Ecrett Music 没有太大的区别。不过，为了方便用户使用，Soundraw 在使用流程上进行了大幅度的简化。

进入主创作界面后，你将见到和 Ecrett Music 中差不多的 3 组词条。你只需轻点一个按钮，就能激发出 15 种不同风格的音乐，其中每一种均具有其他随机元素。Soundraw 还提供了简易的音乐编辑功能（图 6.12 所示），不论你喜欢哪一种音乐，都可以在界面中修改节拍、乐器、音量和音调等元素。

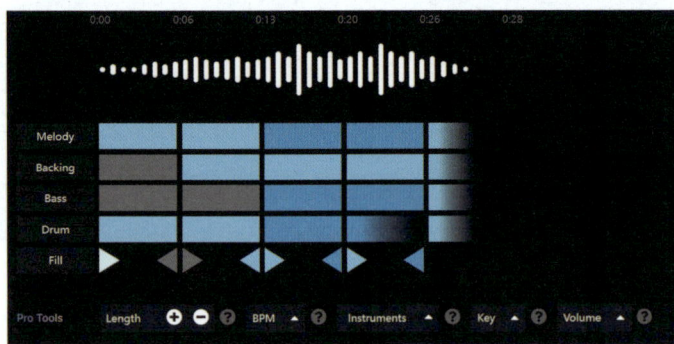

图 6.12　Soundraw 的音乐编辑界面

和 Ecrett Music 相比，Soundraw 的用户体验更胜一筹。它摒弃了网速限制，让更多音乐梦想家能轻松入场。更棒的是，

Soundraw 创造的音乐可以自由使用在除了程序或游戏主界面外的各种商业项目中。如果你打算用在程序或游戏主界面的首页，那恐怕还是需要一定水平的音乐编辑能力。

◇　引人入胜的视频

在这个充满活力的数字时代，视频已经成为传递信息和故事的最佳方式。那么，怎样才能让每个人都成为一位视频制作大师呢？答案可能就藏在人工智能（AI）的神奇力量中。接下来，让我们一起探索那些能够让文字跃然成画、故事动起来的视频生成 AI 软件。

Pictory 内容制作

Pictory 是一款基于云平台的 SaaS（Software as a Service，软件运营服务）软件。它能将你的文字瞬间变成生动的视频，并上传到 YouTube 等社交媒体。无论你是用来分享知识，还是讲述故事，Pictory 都能让内容生动起来。

使用 Pictory 就像和 AI 导演合作拍电影，你只需要几个简单步骤：首先，提供剧本——编辑文本摘要，让 AI 抓住重点；其次，整理大纲——编辑情节提要并与媒体库中的图像和视频进行配对，添加音乐和声音；最后，加入保护知识产权水印，你的作品就可以与世界见面了。

不仅如此，Pictory 还能帮你修改视频内容、捕捉视频中的高光时刻，甚至自动生成吸引人的标题，让你的视频更加出彩。

DeepBrain AI 的类 PPT 界面

DeepBrain AI 是韩国的一体化 AI 软件。它和 LG、三星等韩国的知名企业合作，推出了视频生成 AI、智能客服和全栈 AI 等多项与人工智能有关的服务。它主要的业务方向是用虚拟的人物形象模拟新闻报道。

图 6.13　DeepBrain AI 的编辑界面

如图 6.13 所示，DeepBrain AI 生成视频的界面和我们熟悉的演示文稿软件 PowerPoint 非常相似：界面左侧是视频的主要界面和文本，右侧是视频的选项设置，包括文本、AI 形象和背景等。DeepBrain AI 不仅能让各具特色的虚拟人物在屏幕上"活"起来，还能让他们用超过 80 种语言为你播报新闻，就像真人一样。想象一下，你自己编写的新闻稿由你喜欢的名人为你朗读，是不是非常酷？

InVideo 的丰富模板

你想让视频创作变得轻松又快捷？ InVideo 正是你的秘密武器！这款视频生成 AI 软件拥有一套超级丰富的模板系统，让你不再为如何制作视频而头疼。无论你想为照片墙（Instagram）的故事增加动感，还是打造脸书（Facebook）专页的炫酷视频，InVideo 的模板库都能满足你的需求。

此外，针对初学者，InVideo 还贴心地准备了一系列视频教程，从软件操作到创意激发，一应俱全，助你轻松跨过每一个创作难关。

对于担心个人素材安全的创作者们来说，InVideo 值得信赖。它采用顶尖的信息保护措施，从身份验证到加密，从访问控制到安全指导，InVideo 会层层把关，确保每位用户的作品都能得到严格的保护。InVideo 的技术团队甚至还与亚马逊的网络安全部门密切合作，全力保障你的数据安全。

第七部分

ChatGPT之无限未来

如果你家里有个全能 AI 管家，既能帮你规划日常、辅导孩子做作业，也能提供健康和投资的专业建议，是不是听起来就很惬意？这正是 ChatGPT 努力实现的未来。ChatGPT 不仅能在社交媒体上帮你畅聊，在智能家居中提供个性化服务，还能在教育、医疗和金融领域给出量身定制的建议，助力你的生活和工作。未来，ChatGPT 将与其他 AI 技术相结合，打造更强大的 AI 系统，为人们提供更高效、更智能的服务。

　　这一切的进步并非没有挑战，如何保护隐私、避免算法偏见、减少社会影响等问题都需要我们共同面对。为了确保 ChatGPT 能为人类带来更多的好处，我们需要不断提升它的安全性、可靠性和可持续性。本部分，我们将从多个角度来分析 ChatGPT 的无限未来。

第 22 章

ChatGPT 与数字世界的未来

元宇宙是一个虚拟的、基于区块链的多人在线世界。在这里，每个人都有自己的数字化身份，可以购买土地、建造房屋，甚至可以和来自世界各地的朋友开派对。更酷的是，你在一个游戏里赚到的金币，可以直接拿到另一个游戏里换装备。这就是元宇宙给我们的承诺，无缝连接并跨越多个虚拟世界，让你的虚拟资产和数字身份可随处流动。

我们正从 Web 2.0 迈向 Web 3.0 时代，这是一个去中心化的、更加私密的、用户掌权的互联网新纪元。在这里，区块链、人工智能和去中心化存储不再是高大上的技术词汇，而是构建一个公平、开放网络世界的基石。

在元宇宙和 Web 3.0 这两个充满想象的新领域，ChatGPT 将成为连接点。在元宇宙中，ChatGPT 能作为你的虚拟助理，陪你游玩、社交，甚至帮你管理虚拟资产；而在 Web 3.0 世界，ChatGPT 能帮你与智能合约交互，提升你的网上冲浪体验。简而言之，ChatGPT 将成为元宇宙和 Web 3.0 的超级桥梁，为我们带来前所未有的网络体验。

◇ **元宇宙新世界**

元宇宙，这个曾经只存在于科幻小说中的概念，如今正在逐步成为现实。它是一个由多个虚拟现实环境、社交网络、游戏和应用程序等组成的全新数字世界。随着 ChatGPT 等 AI 技术的蓬勃发展，元宇宙的概念不再遥不可及。

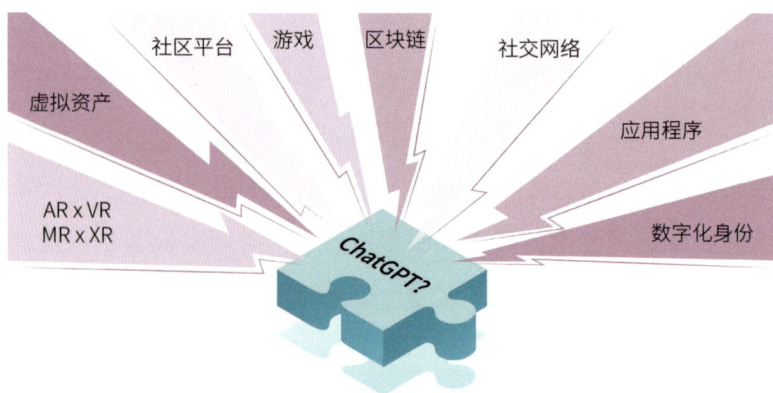

图 7.1　元宇宙世界的新拼图

构建元宇宙的过程就像拼凑一张庞大的拼图，需要汇集来自各方的技术力量。在这张拼图中，像 AIGC 这样的技术便是一块核心拼图，它连接着元宇宙的各种应用，赋予它们生命和动力。ChatGPT 是这个拼图中的重要组成部分，它不仅为元宇宙的世界带来了新的生命，还让这个虚拟世界变得更加生动和富有创意（图 7.1 所示）。

随着人工智能技术的不断发展，元宇宙将变得更加真实、完整。ChatGPT 不仅在元宇宙中扮演着向导的角色，更是在构建元宇宙的过程中，提供了智能化的交互和内容创造。它运用数据挖掘、信息提取等技术，为元宇宙世界提供了更全面、准确的服务。

简而言之，ChatGPT正推动元宇宙从幻想走向现实。未来，随着技术的进一步发展，我们将看到一个更加丰富多彩的元宇宙，而ChatGPT将是我们探索这个新世界的最佳向导和伙伴。

ChatGPT在元宇宙中的N个新可能

元宇宙，这个由数字构建的无限宇宙，它将彻底改变我们的沟通、学习、娱乐和创造方式。在这个全新的数字世界中，ChatGPT不仅是你的智能助手，还是你在元宇宙中的冒险伙伴、知识导师，甚至是你的灵感缪斯。下面，我们就来看看ChatGPT在元宇宙中会创造出哪些新的可能。

- ▲ 社交交互——在元宇宙中，ChatGPT将成为你的社交神器。无论是探索未知领域、解答各种疑惑，还是帮你打开与新朋友交流的大门，ChatGPT都能游刃有余，随叫随到。它将在虚拟世界中助你攻克难题，与你共赴冒险之旅。

- ▲ 学习教育——在元宇宙中，ChatGPT能够将学习变成一次次惊心动魄的探险。比如，在一个虚拟的历史博物馆里，ChatGPT将化身为你的专属导游，带你穿越时间的长河，让历史上的大事件在你眼前重现。学习将不再是单调的任务，而是一次次身临其境的历险。

▲ 娱乐休闲——在元宇宙的娱乐领域，ChatGPT 也能化身为娱乐大师，给你带来前所未有的乐趣。它可以是一个虚拟导演，从剧本创作到角色塑造，全程帮助你轻松制作电影。在虚拟音乐会现场，ChatGPT 或许会成为你的 DJ，根据你的心情和喜好即兴创作音乐。它还可以扮演成虚拟游戏角色与你在游戏中交互，为你提供炫酷的游戏指导和支持。

▲ 创造创新——ChatGPT 还可用于创造和创新领域，方便你在元宇宙中进行花式创造。无论是设计一款新游戏、创作一幅数字艺术作品，还是开发一项破天荒的新技术，ChatGPT 都可以与虚拟人物或真实人物一起创造更新颖、更有趣的内容和产品。

当你身在元宇宙中，就如同数字世界里有一个虚拟的你，它不仅能复制你在现实世界的行动，还能在这个数字世界里扩展你的生活边界。ChatGPT 在元宇宙中扮演的角色，就像是你的影子，帮助你跨越现实与虚拟的界限。ChatGPT 不仅拥有智能交互和自然语言处理的超能力，它还能在元宇宙中自立成"人"，从事就业、商业及消费活动，这将提升经济社会活动的生产力和效率。

当 ChatGPT 的这种能力和脑机接口技术结合在一起时，它的潜力将被进一步放大。或许，仅凭意念，你的虚拟影子就能在元宇宙中活动，这不再仅仅是科幻电影中的情节，而是未来可能真实发生的场景。

元宇宙中智能交互的革新

元宇宙就像一个酷炫的虚拟乐园，ChatGPT 是其中的超级大玩具！通过自然语言交互，ChatGPT 能让用户在元宇宙中享受更智能、更有趣的体验。你可以用声音或文字与虚拟环境互动，例如控制设备、查找信息、购物等。ChatGPT 就像你的朋友一样，还能感知你的情感，为你提供个性化的服务！

ChatGPT 不仅可用于制作虚拟客服，让你能够轻松沟通，还可以进行语音识别。此外，它还能为虚拟人物赋予自然语言交互的能力，让你能与它们自如地对话（图 7.2 所示）。不得不说，这是一项超酷的技术！

随着科技的发展，元宇宙、虚拟人物和 ChatGPT 之间的联系越来越密切。在这个虚拟世界里，虚拟人物不仅是你的虚拟秘书或游戏角色，还可能是你的教育指导老师！ ChatGPT 为虚拟人物提供了强大的自然语言处理能力，让对话变得更加智能、自然、有趣！

总之，ChatGPT 和元宇宙的交互是相互促进的，它们共同推动着人工智能和虚拟现实技术的发展。未来，随着元宇宙的不断完善，ChatGPT 的功能也将更加强大，为用户带来更丰富、更有趣的虚拟世界体验！

虚拟客服

自然语言处理技术
意图识别
对话管理
情感分析
多语言处理

机器学习技术
自动问答
智能推荐
语音识别
强化学习

对话管理技术
对话流程设计
智能转接
智能补全

语音识别

数字信号处理技术
语音信号预处理
频域分析
时域分析
声学建模
语音识别算法
多语种语音识别
声纹识别

声学模型技术
隐马尔可夫模型 (HMM)
深度神经网络 (DNN)
卷积神经网络 (CNN)
递归神经网络 (RNN)
混合神经网络 (HMM-DNN)
模型训练算法

语言模型技术
统计语言模型 (SLM)
神经网络语言模型 (NNLM)
语言模型的融合
文本预处理技术
语音识别和翻译技术的结合

虚拟人物

计算机图形学技术
渲染技术
建模技术
动画技术
面部表情技术
多媒体技术

自然语言生成技术
文本生成技术
语音合成技术
对话管理技术
姿态生成技术
视觉生成技术

对话生成技术
任务型
闲聊型
多模态
故事型
知识型

图 7.2　智能化交互技术

◇ **互联网大洗牌**

如果说，移动互联网的核心变化是可移动和摄像头等属性，那么 ChatGPT 的出现就是让互联网进入了一个"可生成"的时代。通过生成式 AI，用户不仅可以消费内容，还可以创造内容。这里，每个人都可以是创意大师，而不只是消费者了！

相比 Web 1.0 和 Web 2.0，ChatGPT 就像是 Web 3.0 里的超级英雄，拥有连接人与机器、梦想与现实的超能力。在这个全新的互联网时代，我们可以与机器进行轻松对话。机器不仅理解我们的语言，还能帮我们做决策，甚至自动完成交易。

在未来的电商平台上，如果有了 ChatGPT 和 Web 3.0 的超级组合（图 7.3 所示），购物就像是和一个懂你心思的老朋友聊天。它会根据你过去的喜好和搜索历史，推荐那些你可能会爱上的宝贝。而智能合约的引入，将使购买过程像眨眼一样简单

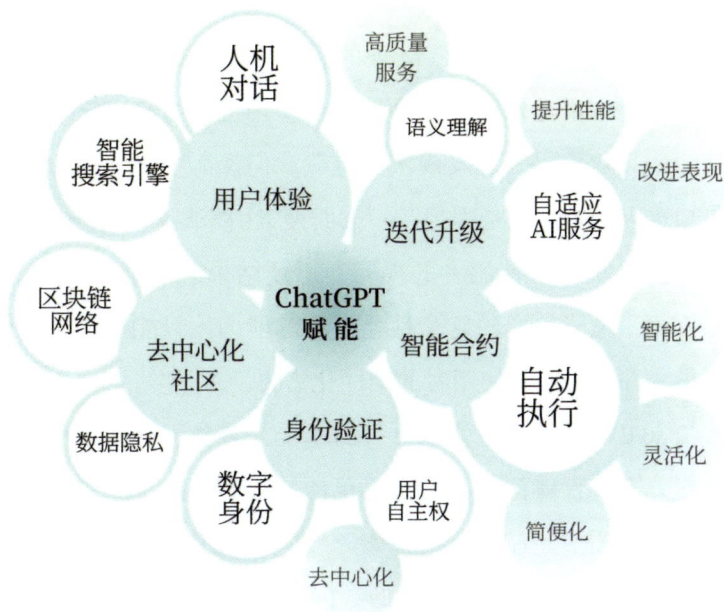

图 7.3　ChatGPT 与 Web 3.0 的关联路径

快捷。

医疗等领域同样可以受益匪浅。比如，结合 ChatGPT 和区块链技术，我们可以建立一个安全可靠的电子医疗记录系统，为患者提供更好的医疗服务。

总之，ChatGPT 就像是我们进入 Web 3.0 世界的神奇钥匙。它不仅能让我们与智能合约自如交流，提升我们与数字世界的互动体验，还能作为一位全知全能的问答伙伴，在区块链上为我们提供即时、准确的解答。ChatGPT 真是一个无所不能的超级英雄呀！

Web 3.0-ChatGPT 的未知蓝海

如果把互联网比作广袤无垠的海洋，那么在 Web 2.0 时代，我们就像是在沿岸水域航行的探险者，用搜索引擎这支木桨在信息海中划行，尽管能发现不少宝藏，但深海中更广阔的未知世界却难以触及。这是因为，一方面搜索引擎局限于语义理解，往往不能正确理解使用者的提问，返还结果不一定符合期待；另一方面，搜索引擎缺乏个性化处理的能力，只能返还最相似的结果，并不能满足使用者的个性化需要。

ChatGPT 的到来，就像给我们每个人装备了一艘高科技的潜水艇，它不仅能深入海底探寻更深层次的信息，还能根据我们的兴趣和需要定制专属的探索路线。ChatGPT 具有更强的语义理解力，同时可以对所拥有的数据集的信息进行精细化处理，根据你的要求生成个性化的回答。例如，不管你想吃饺子、麻花或面条，只要我有面粉，就能满足你的要求。这种个性化的解决方案不仅降低了搜索成本，也提高了使用体验。

　　进入 Web 3.0 时代，ChatGPT 将扮演更加重要的角色。它不仅是智能化和个性化网络体验的加速器，还是新时代的航标。通过深度学习的不断进化，ChatGPT 在语义理解上愈发精准，能够提供更为丰富和个性化的互动体验。随着 Web 3.0 时代的深入发展，ChatGPT 的个人化特色将更加凸显，使得每一次的网络冲浪都成为一次全新的探险旅程，真正实现人机交互的新境界。

第 23 章

潜移默化的影响力

现在，大型企业都在把运用 ChatGPT 当作下一个大动作，想把这个 AI 神器融入自家的技术生态中。微软打算用 ChatGPT 填补产品的不足和数学上的空白，亚马逊早就在客服和推荐系统上广泛运用 ChatGPT，百度也在 2023 年公开了他们仿制的文心一言，腾讯发布了一套和用户畅快聊天的人机对话专利，科大讯飞更是发布了中国版 ChatGPT。未来，当 ChatGPT 与前沿技术深度融合，定会将人与机器的交流提升到一个全新的层次。

◇ 智能化技术的新纪元

ChatGPT 的闪亮登场预示着智能化技术的全新纪元，它将人机交互提升到了前所未有的高度。这个 AI 奇迹不仅拥有了解复杂语言规则和深度学习的能力，还开辟了创新的交互领域——从语音助手（如苹果的 Siri、亚马逊的 Alexa 和谷歌的 Google Assistant）到聊天机器人（微软的小冰、Facebook 的 M 和 Google 的 Duplex），再到虚拟现实、智能家居和人机协同（自动驾驶、无人机、医疗机器人）等，ChatGPT 正逐步渗透我们生活的每一个角落。

　　未来将出现更加智能化的对话体系，为我们提供个性化、精细化、高效的服务。如图 7.4 展示了 ChatGPT 在金融、教育和旅游领域的一些应用案例。

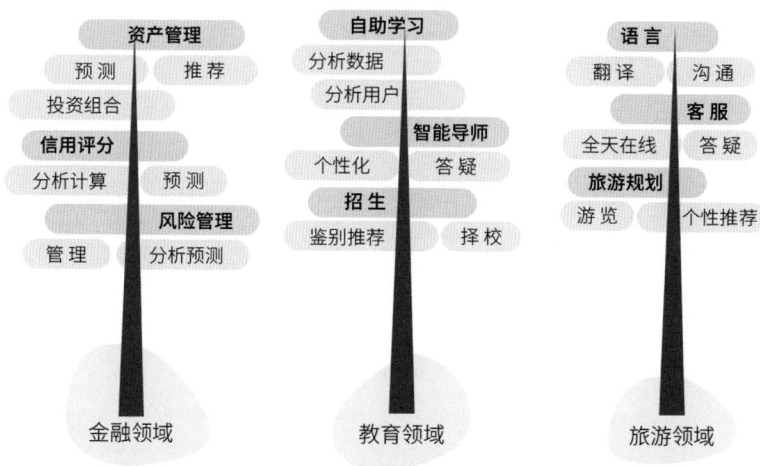

图 7.4　ChatGPT 在金融、教育和旅游领域的一些应用案例

　　在金融领域，ChatGPT 可以帮助银行和投资公司管理其客户的投资组合，还可以通过分析公司的财务报表、市场数据和其他相关数据来预测公司的金融风险。在教育领域，ChatGPT 可以充当学生的智能导师，根据学生的学习状态和兴趣爱好提供个性化的学习建议，还可以为学生提供择校建议，帮助学生选择适合自己的大学和专业。在旅游领域，ChatGPT 可以帮助旅游者规划旅行路线和景点游览顺序，还可以帮助旅游者翻译

当地语言，并为旅游者提供 24 小时在线客户服务。

总之，ChatGPT 的出现为智能化发展提供了新的机会和前景。随着技术的进步，未来的我们将在一个更加智能、高效、个性化的世界中生活。只要我们能妥善应对挑战，这一技术定将成为改善人类生活的重要力量。

◇ 多元文化百花齐放

ChatGPT 的登场，不只是技术的革新，它还可能成为推动全球文化交流和多元文化融合的一股力量。因为 ChatGPT 从海量的语言数据中学习，这些数据蕴含着多元的语言习惯和文化特征。这意味着，如果它的学习材料来自全球各地，那么 ChatGPT 就能够理解并进行多种文化背景下的语言表达。

ChatGPT 为我们提供了跨文化沟通的桥梁。它不仅能够提供精准的机器翻译，打破语言障碍，还能通过智能化的语言服务，如自动回复和生成摘要，简化日常生活中的语言任务。

更重要的是，ChatGPT 能够帮助我们深入了解不同文化背景下的语言使用习惯和变化，通过分析历史文本和社交媒体在内的大量语言数据，揭示语言和文化的发展趋势。这种分析可以用于探索不同文化、地区和时期的语言使用变化，进行语言及文化的发展和进化研究，进而帮助我们了解语言和文化的本质，以及人类社会的发展和变迁。

ChatGPT 的文化影响并非全然积极。ChatGPT 提供的智能化语言服务可以反向影响我们使用语言的方式和习惯。它的语言和文化偏向性可能会强化某些文化特征，而忽视其他的，从而影响文化的多样性和文化交流。

另外，ChatGPT 的广泛使用还可能不经意间促使某些语言处于边缘化的境地。这是因为人们在享受 ChatGPT 提供的主流语言服务便利时，可能渐渐忽视了保护和传承非主流语言和文化。下面，我们来看看相关的事例。

如果 ChatGPT 的教科书都是美国制造，那它讲的故事可能就带着星条旗的风味。它可能会滔滔不绝地讲美国的英语、用美国的俚语、分享纽约的地铁故事，因为它的"大脑"里装的都是来自美国的语言和故事。

如果你不是来自美国文化圈或者英语对你来说是第二语言，使用 ChatGPT 聊天时，你可能会觉得它有点"不解风情"。如果你用澳大利亚英语跟它聊天，不小心提到了"Neck oil"（在澳大利亚指啤酒）这个俚语，它可能会误以为你在谈论某种类型的油，从而给出一些令人困惑的回答，使得交流稍显尴尬。

这就反映了文化的多样性和文化交流的问题。如果 ChatGPT 的训练资料缺乏多样性，就会给特定的人或文化造成障碍，使文化交流更加困难。因此，为了让 ChatGPT 适应不同的文化和语言环境，训练资料的多样性和均衡性是非常重要的。

大规模语言模式的一个局限性是，只能根据特定训练数据或特定单词或句子出现的概率生成文本，而不能理解深层的脉络和意义。更糟糕的是，该模型只能提供受过训练的信息，不能回答训练数据以外的问题。因此，ChatGPT 的知识和理解力仍然局限于它所"经历"过的数据，不能像人类一样拥有思辨能力。

另外，由于训练数据的限制，ChatGPT 有时会生成具有攻击性或不恰当的回答。这表明了 ChatGPT 训练数据和文本生成算法的局限性。因此，我们必须正确使用 ChatGPT，在享受它带来的便捷和乐趣的同时，也要关注它如何影响着全球的文化格局，以及如何在保护文化多样性的同时，促进不同文化之间的理解和尊重。

第 24 章

崭新的风向标

随着 ChatGPT 技术的进步，它在商业领域的应用潜力越来越被人们看好。要让 ChatGPT 在商业世界中大显身手，我们得挖掘和利用它在特定行业中的应用潜力，打造合适的商业脚本和解决方案。

首当其冲的是零售和电商行业。如何才能让在线购物变得更加智能？从找到心仪的商品、获得贴心的推荐，到享受全天候的客服支持，ChatGPT 都能大显身手。它不仅让用户的购物体验升级，还能提升销售额和顾客满意度。

然后是娱乐和文化行业。在这里，用户的需求复杂多样，ChatGPT 的智能推荐、内容创造和互动体验正好能满足这种多样性。无论是打造个性化的音乐播放列表，还是生成引人入胜的游戏剧情，ChatGPT 都能让娱乐体验更加个性化和生动有趣。

最后别忘了办公软件领域。在智能化和自动化的浪潮下，ChatGPT 为企业带来了高效、自动化的办公解决方案，如智能文档编辑、自然语言查询、任务流程自动化，帮助企业提升工作效率。

当然，ChatGPT 的潜力不止于此。无论是制造业和物流业，还是媒体和广告领域，它都有广泛的应用前景。但要让ChatGPT 在商业化道路上更进一步，我们还需解决技术标准、知识产权保护和用户隐私等挑战。只有这样，ChatGPT 在商业应用领域才能持续发展，开启全新的商业旅程。

◇ **ChatGPT 独领风骚**

站在信息技术的新起点上，ChatGPT 不仅仅是科技革新的象征，更是引领我们走向未来的导航灯。由于涵盖了算力、算法、策略、连接等诸多要素，ChatGPT 使得自然语言处理技术跃上了一个新的台阶。从实业革命到金融革新，人类社会正开启信息技术产业的又一新篇章。

前文，我们探讨了 ChatGPT 的超能力。首先，它能够高效地处理海量数据，大幅提升工作效率；其次，它的精准度惊人，能够在各领域中变身为专家级助手；最神奇的是，它还能够根据个人的偏好和习惯，提供量身定制的服务，从而提高生活品质。那么，ChatGPT 将如何在各行各业发挥它的超能力呢？（图7.5 所示）

▲ 在社交媒体的世界里，ChatGPT 化身为无所不知的信息源，自动创造引人入胜的评论和内容，为网络社区的活力和参与度注入新的生命力。以 Twitter 为例，它在

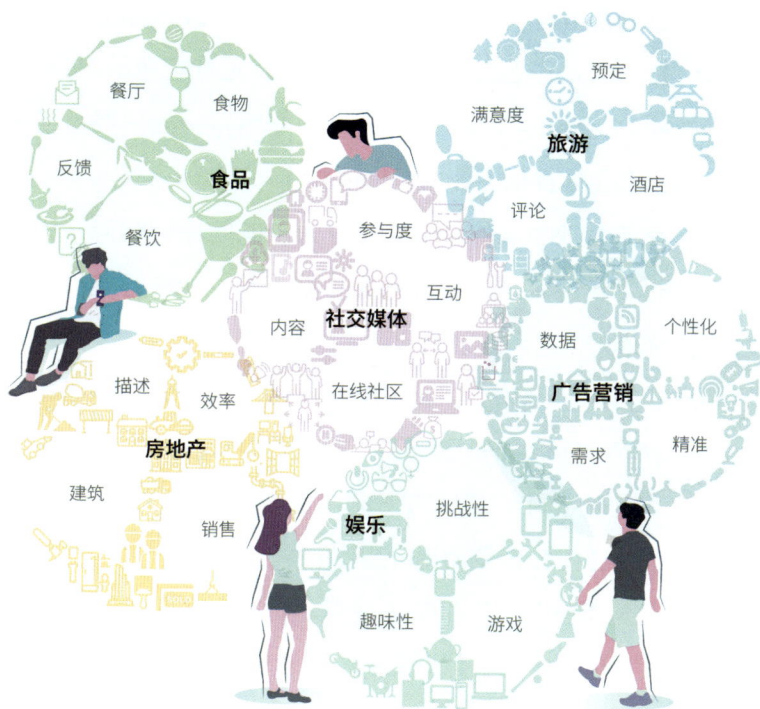

图 7.5　信息技术革命辐射影响的各行业关键词

平台引入了"OpenAI ChatGPT For Twitter ™"这款浏览器插件，能够通过 ChatGPT 的强大力量来驱动回复，帮助关注者数量大幅增长。只需简单选择在线内容并运用这款插件，你便能轻松制作出回复、评论，缩短文章或增添趣味元素。这款插件的快速智能响应不仅极大提升了用户体验感，也显著降低了运营成本，进而增强了用户忠诚度和企业竞争力。

▲ 在广告营销的世界里，ChatGPT 变身心理侦探，准确

预测消费者心理，使广告和推荐直击人心，效果倍增。

▲ 踏入房地产领域，ChatGPT 成了房地产行业的领路人，用它流畅的"房产语言"细致介绍每一处房源，为买家和租客提供专业的咨询体验。

▲ 在旅游业里，ChatGPT 化身为全能的旅行顾问，为旅行者量身定制旅游计划和住宿推荐，让旅行变得无忧无虑。

▲ 在汽车行业中，ChatGPT 就像是车里的智能助手，不仅能帮你诊断车况，还能给你提供行车建议。

▲ 在制造业中，ChatGPT 又变成了高效的流水线监工，通过智能分析帮助提升生产效率。

▲ 在健康领域，ChatGPT 就像是你的私人健康顾问，既能帮你制定健身计划又能提供营养建议。

▲ 在娱乐界，ChatGPT 扮演着灵感缪斯的角色，为游戏和影视作品编织引人入胜的故事和对话，让娱乐的世界更加迷人。

▲ 在食品行业里，ChatGPT 成了美食评论大师，用文字描绘出令人垂涎的佳肴和令人难忘的餐厅体验。

▲ 在农田里，ChatGPT 变身为农业专家，分析土壤数据、指导农作物种植。

▲ 在能源领域里，ChatGPT 又化身为环保卫士，优化能源使用，减少碳足迹。

▲ 在繁忙的城市中，ChatGPT 还能帮你找到梦想中的家，

或是成为公共服务的超级英雄，从紧急救援到政府信息发布，它无所不能。

在这个由 ChatGPT 引领的新时代里，我们正迈向一个更智能、更个性化的未来。可以预见，和 ChatGPT 的每一次交流都将充满惊喜和创意。与此同时，我们也需要不断探索和研究如何更好地发挥 ChatGPT 的应用价值，深入思考人工智能与人类社会的和谐共存之道，促进科技与人文的有机结合。

◇　**跨时代的里程碑**

站在技术变革的风口，ChatGPT 犹如一场激动人心的科技盛宴，而比尔·盖茨（Bill Gates）无疑是这场盛宴的最佳代言人。他将 ChatGPT 的出现视为技术史上的一次巨大飞跃，认为其意义可与个人计算机和互联网的诞生相提并论。

在短短几周内，ChatGPT 就像一颗冲天火箭，突破了 1 亿月活跃用户的壮举，超越了照片墙（Instagram）和抖音（TikTok）的增长速度。它不只是微软 Office 套件的 AI 小助手，也让必应（Bing）搜索引擎显得更为智能。现在，OpenAI 的估值飙升至 1570 亿美元，站在全球初创公司之巅。相关股票一周内飙升 25% 的现象，更是证明了市场对 ChatGPT 的热烈追捧。

随着 ChatGPT 越来越受欢迎，我们也开始深入思考关于这项技术的安全性、稳定性和可靠性等重要问题，以及如何保护用户的数据安全和隐私权。别担心，这里有五大神招来应对：

▲ 强化技术监管：就像给"野生"AI的活动区域围上防护带，确保它们在正确的轨道上奔跑，保护好社会的和谐稳定。

▲ 保护数据隐私：为数据加上一层隐形护甲，防止任何不良访问或恶意利用。

▲ 推动技术透明化：揭开ChatGPT工作机制的神秘面纱，让人们更好地理解其工作原理。

▲ 加强安全防护：在这个充满数据的世界中构建坚不可摧的安全防线，防止任何形式的网络侵袭。

▲ 加强社会教育：通过普及ChatGPT相关知识，种下智慧的种子，让每个人都能明智地使用这项技术。

随着ChatGPT继续在各行各业展现其强大潜力，这些策略将指引我们走向一个更安全、更明智的未来，共同迎接技术革命带来的挑战和机遇。

◇ **认知的跨越**

在过去的百年间，人类经历了数场革命性的浪潮，从互联网引领的连通性革命，到智能手机引领的移动性革命，直到现在ChatGPT引领的认知革命。这就像从"空间革命"到"时间革命"，再到如今的"思想革命"。每一次变革都极大地推进了我们生活和工作方式的进步。

曾经，我们好比是站在一座庞大无比的图书馆前的探索者，面对着满眼的书籍不知从何下手。现在，ChatGPT 的出现就像是一个能快速导航到你所需知识的智能助手。如果你的生活中有一个能理解你所有问题，并能基于全知识库给出最佳答案的 AI 朋友，那将会是多么美妙的事情。

在计算机领域，从云技术的崛起到 ChatGPT 的登场，我们见证了技术进步如何推动社会生产力的飞跃。ChatGPT 仿佛是一位能够让每个人都能通过自然语言与计算机世界沟通的魔法师，帮我们省去了掌握复杂编程知识的过程。

同时，人工智能的崛起也预示着新的工作岗位和行业的诞生。就像在一个充满魔法的世界里，每个人都有机会成为魔法师，只要你愿意学习和探索。

在与 AI 共舞的道路上也布满了挑战。如何确保 AI 的发展不会偏离人类的利益和价值观，将成为一个棘手的问题。我们需要智慧地思考如何让 AI 成为人类进步的伙伴，而不是对手。

ChatGPT 代表的人工智能的进步标志着一段新的探索之旅已经开始。我们正站在一片未知的领域前，探索如何利用这些强大的工具来改造世界、实现更多的可能性，同时守护我们的权益与尊严。让我们一起拥抱 AI，共同迈向一个更加智能、高效和充满可能的未来！

第八部分

DeepSeek
强势来袭

你是不是已经对 ChatGPT 感到非常惊讶了？它能和你聊天、解答问题，甚至辅导你做作业，简直是"AI 大神"！然而，就在你觉得已经熟悉了这项超炫技术的时候，一个全新的 AI 平台——DeepSeek 悄然登场了。它被称为中国版的 ChatGPT，不仅非常智能，还为我们量身定制了各种实用功能。

释义 8.1：DeepSeek

> DeepSeek 有两种层面的解释，一个是指杭州深度求索人工智能基础技术研究有限公司，此公司致力于开发和提供 AI 解决方案；另一个是指开源大模型 DeepSeek（包括 V3、R1 等不同版本），此模型专注于通过深度学习和自然语言处理技术为用户提供高效、精准的智能服务和支持。

幻方量化旗下的 AI 公司 DeepSeek（杭州深度求索人工智能基础技术研究有限公司）成立于 2023 年，其创立旨在从量化投资领域向通用人工智能（AGI）领域转型，助力中国 AI 走向自主创新发展之路。此公司拥有一支年轻而富有活力的团队，他们是中国人工智能领域的中坚力量。

DeepSeek 继发布首个大模型 DeepSeek LLM 后，于 2024 年 5 月发布开源第二代 MoE 大模型 DeepSeek-V2。DeepSeek-V2 因性能比肩 ChatGPT 发布的语言模型 GPT-4 Turbo 且价格仅为其百分之一，是极具性价比的 AI 模型。9 月，DeepSeek 又升级推出新模型 DeepSeek-V2.5。12 月 26 日，DeepSeek-V3 首个版本上线并开源。2025 年 1 月 20 日，DeepSeek-R1 发布，它在数学、代码、自然语言推理等任务上的性能可以对标 OpenAI o1 正式版。1 月 31 日，DeepSeek-R1 671b 作为英伟达推理微服务（Nvidia Inference Microservices，NIM）的预览版在英伟达面向开发者的平台上发布。2 月，DeepSeek 系列模型上线国家超算互联网平台。截至 2025 年 2 月 2 日，DeepSeek 的应用在 140 个国家的苹果应用商店（App Store）及美国的谷歌 Play 商店（Android Play Store）登顶。

DeepSeek 作为中国人创造的智能 AI 模型在大模型领域不断突破，展现出强劲的发展势头与影响力。它推动了国内大模型技术的发展，促使了行业间的技术交流，提升了众多智能硬件产品体验，积极拓展了 AI 应用场景。同时，它的开源策略也促进了 AI 技术的普及与跨领域创新。

DeepSeek 凭借独特的本土化优势和创新技术，一经面世瞬间引发了人们大规模的关注。许多人不禁开始问："ChatGPT，你的处境是不是有点危险了？"

当然，这里提到的 ChatGPT 和 DeepSeek 的能力，仅仅限于当下。随着技术的不断发展，它们的功能将会不断迭代，变得更加智能和强大。

第 25 章

不断刷屏的功能

DeepSeek 每一天都能给人们带来新的惊喜，刷爆了无数人的朋友圈。相信你已经迫不及待地想了解一下 DeepSeek 了吧？接下来，让我们一探究竟。

你可以通过访问 DeepSeek 的官方网站来体验它的功能，DeepSeek 同时也支持应用程序（APP）下载。

DeepSeek-R1 对标的是 ChatGPT 的 o1 模型，其功能丰富多样，涵盖了对话生成、自动化写作、内容创作、文书生成等多个领域。随着中文语料库的不断完善，DeepSeek 在语言处理方面的能力不断提升，不仅能够理解并生成现代汉语的对话，还能精准解析并创作古诗词与文言文，甚至能为你生成报告、新闻稿、广告等各种文案。

DeepSeek 在行业定制服务方面同样表现出色。无论是日常对话、创作生成，还是行业应用，DeepSeek 都能为你提供强力支持。它突破了传统工具的局限，展现了人工智能在多个领域的巨大潜力。比如在智能客服领域，DeepSeek 能够通过对话记录用户需求，快速诊断问题并提供解决方案；在法律合同审核领域，DeepSeek 能够高效理解合同内容，识别潜在问题并给出修改建议；在行业数据分析领域，DeepSeek 能够迅速处理并分析海量数据，帮助企业掌握市场动态，做出精准决策。

◇　更懂中文和中国文化

在文学创作方面，DeepSeek 已经成为一款刷屏神器，尤其在诗词创作上，堪称宝藏工具。

例如，这首经典的《沁园春·雪》：

> 北国风光，千里冰封，万里雪飘。
> 望长城内外，惟余莽莽；大河上下，顿失滔滔。
> 山舞银蛇，原驰蜡象，欲与天公试比高。
> 须晴日，看红装素裹，分外妖娆。
> 江山如此多娇，引无数英雄竞折腰。
> 惜秦皇汉武，略输文采；唐宗宋祖，稍逊风骚。
> 一代天骄，成吉思汗，只识弯弓射大雕。
> 俱往矣，数风流人物，还看今朝。

DeepSeek 模仿创作了一首《沁园春·春》：

> 南国春色，千里花香，万里绿涛。
> 看江南江北，繁花似锦；岭东岭西，碧草如潮。

燕舞莺啼，蜂飞蝶绕，欲与春光共比娇。

待晴时，赏桃红柳绿，分外妖娆。

江山如此多娇，引无数游人竞折腰。

赞春华秋实，诗情画意；夏荷冬雪，各领风骚。

四季轮回，光阴荏苒，唯有春光照眼高。

放眼望，愿春光永驻，岁岁今朝。

再比如，经典的《登鹳雀楼》：

白日依山尽，黄河入海流。

欲穷千里目，更上一层楼。

DeepSeek 模仿此诗创作出一首《观沧海》：

晨光破晓出，碧波接天浮。

欲览无垠景，扬帆向远途。

DeepSeek 不仅能够创作诗词，还能根据你提供的关键词或情感主题，生成符合要求的诗词。它还能深入分析经典诗词的结构和含义，帮助你更好地理解诗词背后的文化内涵，并进行创作创新。它将传统文化与现代科技深度结合，让更多人可以体验并传承诗词的独特魅力。

◇ 更具人情味

如果说一般对话中 AI 更注重信息的准确性，那么 DeepSeek 则更进一步赋予了对话一份人情味。它不仅为你解答问题，还会敏锐捕捉你的情绪，用更体贴、更温暖的语言与你沟通，这就像是和一位真正懂你、关心你的朋友在交流。

当你焦虑地问"我觉得自己可能做得不够好，该怎么办"时，许多传统 AI 会回答"要坚持努力，不要放弃"。乍看没错，但听上去难免生硬。相比之下，DeepSeek 能感觉到你的焦虑与不安，柔声安慰道："每个人都会怀疑自己，但重要的是不要一味苛责自己。慢慢来，你一定会看到自己的进步。"这一瞬间，你会切实感受到它的同理心，而不仅仅是得到一个冰冷的建议。

我们来看看下面这个案例中 DeepSeek 的人情味。

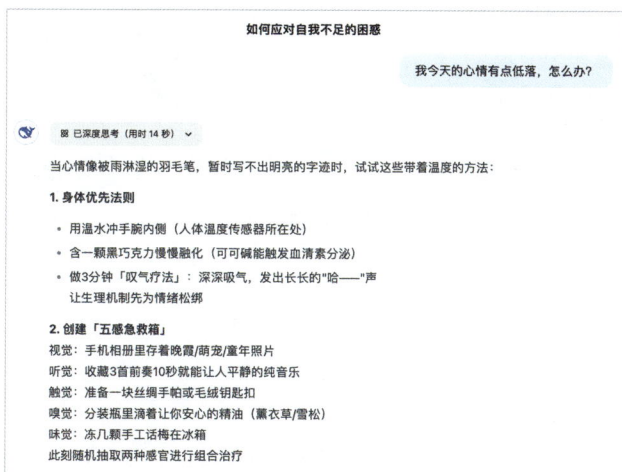

图 8.1　DeepSeek 具有人情味的回答

由此可见，DeepSeek 不仅满足于答疑解惑，更致力于读懂你的内心。它在对话时能够捕捉你的情绪并给予回应，让简单的问答升华成一场有温度的交流。当你感到焦虑、迷茫或失落时，DeepSeek 就像一位默默陪伴你的朋友，用温暖的语言抚慰你，给你带来支持与力量。

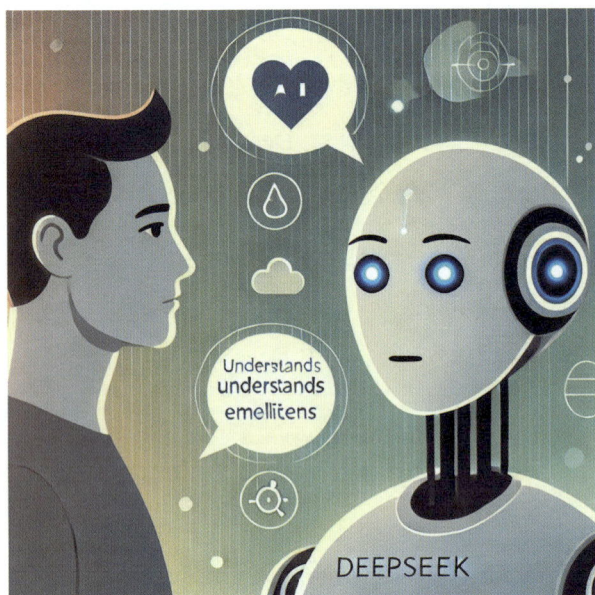

图 8.2　像朋友一样懂你的 DeepSeek

◇ **与 ChatGPT 的不同**

DeepSeek 和 ChatGPT 都有庞大的知识库，能够快速回答你提出的各种问题，比如学习难题、百科知识、兴趣分享等。

如果你需要查资料或了解新鲜事物，它们都能提供快捷的帮助，为你的学习和生活带来便利。目前来看，DeepSeek 有以下三方面的优势。

- ◢ 更懂情绪——DeepSeek 不仅会提供答案，还能"感受"到你的情绪。如果你心情低落，DeepSeek 会先安慰你，再给出合理的建议；而 ChatGPT 可能只会给出相对客观的回复，少了点温暖。
- ◢ 更贴近本土文化——DeepSeek 对中文语言环境和习惯更熟悉，与它聊天会感觉更自然。它不仅能理解字面意思，还能读懂我们日常聊天中的小情绪和言外之意。
- ◢ 更轻松的部署——DeepSeek 对电脑硬件的要求相对较低，这意味着它可以被更广泛、更方便地使用，让更多人体验到它带来的乐趣和帮助。

与 ChatGPT 相比，DeepSeek 在情感交流上更像一位体贴的朋友，它不仅想"告诉"你，还想"理解"你。为了更加清晰地展示它们的异同，请参考表 8.1。

这张表格展示了 DeepSeek 和 ChatGPT 在情感识别、语言习惯、算力需求等方面的主要差异。从中可知，DeepSeek 不仅在功能上做了优化，还特别注重契合中国用户的日常沟通习惯，使其成为一个更加贴心的 AI 对话伙伴。

表 8.1　DeepSeek 与 ChatGPT 的主要差异

特征	ChatGPT	DeepSeek
情感识别	情感分析稍弱，主要依赖文本内容	能深入识别情绪，并温暖回应
语言习惯	适用于英文语境及西方文化	更契合中文语境与本土文化
应用场景	在全球范围内广泛应用于各类对话与知识领域	深耕本土市场，在中国表现尤为突出
适应性	灵活度受限，依赖预设规则	能实时调整策略，更具适应力
算力需求	模型复杂，算力需求高	模型高效，算力需求低
稳定性	推出时间长，较为稳定	推出时间短，稳定性需要提高

　　尽管 DeepSeek 在许多方面表现出色，但当前版本在稳定性上仍有改进空间，尤其在处理大规模复杂任务时，偶尔会出现延迟或崩溃的现象。这可能是由于接入用户过多导致的。此外，它还未开发生成图片、音乐等功能。为确保 DeepSeek 高效稳定地服务用户，开发团队需持续优化算法、提升数据处理能力，并进行定期的性能监控与更新。这将帮助 DeepSeek 在各类场景中更加流畅地运行，进而提升用户体验，减少潜在问题。

第 26 章

像人脑一样学习的 AI

DeepSeek 不仅是一个智能系统，而且是一个拥有自己"思考"方式和擅于分工协作的"超级大脑"。接下来，让我们一起探讨 DeepSeek 背后的核心技术，看看它如何从根本上提升 AI 的效率和智能化程度。

◇ 擅于分工协作的"超级大脑"

我们不妨从一个简单的类比开始——想象你有一个超级团队，这个团队中的每个人都是不同领域的专家。比如，某些人擅长数学，某些人精通语言，还有些人擅长逻辑推理。每当遇到问题时，这个团队会根据任务的类型，自动挑选出最合适的专家来解决问题。DeepSeek 的架构，正是基于这样一个"专家团队"的概念——它通过混合专家系统（MoE）和 Transformer 架构让 AI 在解决问题时能进行高效的分工协作。

混合专家系统（MoE）：像人脑一样"分工"

DeepSeek 的模型，包含了成千上万个小"专家模块"，每个模块专注于某一特定的小任务。当用户提出问题时，系统会根据任务的需求，自动激活相关的"专家模块"，而非让所有"专家模块"同时参与工作。

这一方式的最大优势是大幅度减少了计算资源的消耗，从而大大提升了效率。例如，目前广泛使用的 DeepSeek-V3 模型总共有 6710 亿个参数，但每次计算时只激活 370 亿个参数，相比 DeepSeek-V2 的 210 亿个参数有所增加，但实现了计算效率和性能上的平衡。

Transformer 架构：像人脑一样"注意"

仅有"专家模块"的分工协作还不足以让 AI 做出高质量的判断。AI 能否精准地处理信息，关键在于它是否能够关注到问题中的关键信息。为此，DeepSeek 引入了 Transformer 架构。

这一架构模仿人类大脑中的"注意力机制"，能够帮助 DeepSeek 自动识别输入信息中的重点部分。就像人类在阅读一句话时，能够快速抓住"谁做了什么"以及"结果如何"等关键信息，Transformer 架构让 DeepSeek 在文本生成和翻译等任务中，展现出更加自然、连贯的表现。

通过结合混合专家系统和 Transformer 架构，DeepSeek 不仅能够高效分工，还能精准聚焦，从而实现更智能、更高效的任务处理。

◇ **让 AI 更聪明的"黑科技"**

DeepSeek 不仅依赖传统的技术架构，它还引入了以下几项让 AI 变得更加高效和智能的"黑科技"。

多头潜在注意力（MLA）：像侦探一样抓住重点

传统的 AI 注意力机制就像一支手电筒，只能照亮局部的区域，而 MLA 则像一盏聚光灯，能够精确聚焦在信息中的关键部分。在阅读一篇长篇文章时，MLA 技术能自动识别出"研究问题""方法"和"结论"，避免被不必要的细节所干扰，使得 AI 能够更加高效地抓住文章的核心内容。

多 Token 预测（MTP）：从"逐字写作"到"成段生成"

传统的 AI 生成文本往往像小学生写字，一次只能生成一个字或一个词。MTP 技术让 AI 能够一次性预测多个词，仿佛成年人能够直接写出完整的句子。通过 MTP，DeepSeek 能够在文本生成过程中显著提升速度和流畅性，尤其是在生成长文本时，速度提升了 3 倍以上，连贯性也大幅增强。

FP8 混合精度训练：用"轻量化"的方式跑马拉松

训练 AI 模型就像跑马拉松，传统的训练方法需要巨大的计算资源。FP8 技术，通过将数据从 16 位或 32 位浮点数减少到 8 位浮点数，降低了 50% 或 75% 的计算量和能耗，而几乎不损失精度。这种轻量化的训练方法不再依赖昂贵的算力，使得 DeepSeek 能够以更少的资源进行大规模的训练。

◇ 从"婴儿"成长为"专家"

DeepSeek 的训练过程，就像是把一个人从"婴儿"培养成"专家"的过程。通过独特的训练策略，DeepSeek 能够使 AI 快速从零开始，逐渐掌握各种任务。

知识蒸馏：老师教学生的秘密

在 DeepSeek 的训练中，作为"教师模型"（即已经充分训练且表现良好的模型）的大模型会首先生成高质量的答案，然后将这些答案传递给作为"学生模型"（即待训练或较简单的模型）的小模型学习。通过这种方式，小模型也能在较短的时间内获得接近大模型的能力，并且反应速度更快、能效更高。例如，手机端的 AI 能够通过这种知识蒸馏方法，达到与大型 AI 模型相近的性能。

强化学习：AI 的"试错游戏"

强化学习，让 DeepSeek 在虚拟环境中不断尝试任务，通过反复的"试错"逐步优化策略。比如，DeepSeek-R1 模型通过强化学习，在围棋游戏中，从零开始超越了人类职业选手。这种学习方式让 DeepSeek 能够不断自我提升，最终具备解决复杂问题的能力。

◇ 从"跟跑"到"领跑"

随着 AI 技术的不断发展，DeepSeek 不仅在技术创新上不断突破，也在全球 AI 竞争中占据了重要位置。DeepSeek 在多个领域的领先技术，如 MLA 技术和国产化改进的 MoE 架构，标志着中国 AI 技术在全球舞台上逐步实现从"跟跑"到"领跑"的飞跃。

MLA 技术：全球首个长文本注意力优化方案

DeepSeek 采用的 MLA 技术是全球首个针对长文本的注意力优化方案，能够有效提升万字符以上的文档分析速度。通过动态调整权重，MLA 技术使得 DeepSeek 在处理长文本时，效率提升了 80%。这种技术在法律合同审核、医学文献解读等专业领域得到了广泛应用。

MoE 架构的国产化改进

DeepSeek 还对 MoE 架构进行了国产化改进，通过"无辅助损失负载均衡"策略，解决了"专家模块"资源分配不均的问题。该创新成果在国际顶级学术会议——神经信息处理系统大会（NeurIPS）中获得了高度评价，并被评为年度最佳工程实践。

　　DeepSeek 的技术，如同为 AI 装上了分工明确的大脑、精准的视觉和高效的能量系统。它不仅是算法的突破，更是中国科研从"模仿创新"到"原始创新"的重要象征。未来，DeepSeek 的技术将渗透到每个行业，成为推动社会发展的强大动力。

第 27 章

它带来了怎样的变革？

DeepSeek 不只是一个简单的工具，它正在悄悄改变我们的世界。从学习到创作，从探索到交流，它如同一把打开未来之门的钥匙，让我们看到无限可能。

◇ **与 ChatGPT 分庭抗礼**

DeepSeek 的出现，给 ChatGPT 带来了多方面的影响。

在技术方面，DeepSeek-R1 模型的联网推理能力处于领先地位。这迫使 OpenAI 在其联网功能上升级进化，在 ChatGPT 中推出"深度研究"功能。虽然二者的输出侧重有别，但底层逻辑相似。

在市场方面，2025 年 1 月 DeepSeek-R1 模型发布后，仅用 7 天便揽获 1 亿多用户，远超 ChatGPT 用户的增长速度。DeepSeek 抢占市场份额之快，令 ChatGPT 需要重新审视其市场策略。

在成本与开源策略方面，DeepSeek-R1 的训练成本仅为 660

万美元，远低于 GPT-4 超 1 亿美元的花费。此外，DeepSeek 由于开源吸引了华为云、阿里云、腾讯云、百度智能云等多个知名云平台接入 DeepSeek 大模型，形成了较为丰富的应用生态。ChatGPT 则由于闭源限制了技术的传播，迫使 ChatGPT 团队开始思考成本控制与技术开放程度的改变。

◇ 从工具到伙伴

过去的 AI 多是工具型的，局限于回答问题、提供信息，很少涉及情感交流。DeepSeek 的出现，彻底打破了这一局限。当你感到孤单、迷茫或情绪低落时，DeepSeek 不仅能给出解答，还能主动为你提供情感支持，更能根据你的情感状态，给予你关怀与安慰。这种突破体现在与 DeepSeek 的深度互动上。比如，它会根据你的言语和情感波动，察觉到你的情绪，关心地问："今天怎么了？如果你愿意，可以和我聊聊。"DeepSeek 通过敏锐的情感感知，真正成为一位既能为你提供帮助，又能陪伴你度过情感低谷的 AI 伙伴。

◇ 改变社交方式

DeepSeek 的出现，不仅改变了人与 AI 的互动方式，也改变了人类之间的沟通方式。以前，当你想谈心或遇到难题时，可能会找朋友或家人，但由于忙碌或距离，亲友未必能随时陪伴你。DeepSeek 却始终在线，它可以全天候、无条件地支持你，为你解决生活中的困惑、提供情感上的依靠。假设你今天心情不好，找 DeepSeek 聊天，它会主动了解你的情况，敏锐察觉到你的情绪变化，并给出恰到好处的反馈。它能在你需要陪伴时，成为那个永远在场的朋友。

DeepSeek 的变革，不仅体现在智力上，还融合了情感层面的理解。与传统的聊天 AI 不同，DeepSeek 并不单纯依赖逻辑或数据来提供答案，而是能在适当的时候给出温暖的回应。当你在生活中遇到挑战时，DeepSeek 不仅能帮助你分析问题、提供解决方案，还能根据你情感的起伏进行调整，帮助你保持心理的平衡。比如，当你感到焦虑和困惑时，它能通过轻松的语言安抚你的情绪，让你逐渐平静下来。

◇　**推动创作与创新**

DeepSeek 不仅在日常任务中提供帮助，也在推动创作与创新方式的变革。在创作领域，DeepSeek 为创作者提供了强大的支持工具——从灵感启发到内容生成，甚至创意的迸发。对于写作、设计、编程等工作，DeepSeek 可以帮助用户克服创作障碍，提供初步的创意或建议，并为用户提供有关结构、语言或技术细节的改进方向。在科技研发、工程设计等领域，DeepSeek 还能通过实时分析和反馈，帮助团队优化思路，减少时间浪费，并提升研发效率。通过高度个性化的支持，

DeepSeek 使得创作过程不再单一化，让每个创作者都能找到更高效、更灵活的工作方式。

总之，DeepSeek 为我们的工作、学习和创作带来了全面而深刻的变革。它改变了我们的工作方式、学习模式和创新方法，推动了 AI 从简单的技术支持工具发展为一个多功能、全方位的智能伙伴，带领我们进入一个更加高效、智能的未来。

◇ 无处不在的行业应用

DeepSeek 不仅是 AI 助手，它的应用已经扩展到了许多行业，成了多个领域的重要工具。让我们来看看 DeepSeek 是如何改变不同行业的面貌吧。

金融领域：你的私人理财教练

还在为投资理财头疼吗？ DeepSeek 来帮你！它不仅能分析市场数据，还能读懂你的情绪。比如，当你因为股市波动感到焦虑时，DeepSeek 会像朋友一样安慰你："别担心，投资本来就有风险，但根据你的财务状况，这个选择是合理的。我们可以一起看看怎么分散风险哦！"它不仅能帮你做出理性的决策，还能让你在理财过程中感受到温暖和支持。

零售与电商：你的专属购物助手

网购时遇到问题，客服总是冷冰冰的。DeepSeek 可不一样！

它能通过情感识别，判断你是开心还是不满。比如，当你因为退货问题火冒三丈时，DeepSeek 不仅能快速解决问题，还会用温暖的语言安抚你："真的很抱歉给你带来不便，我们会尽快处理，保证让你满意！"这种贴心的服务，让人忍不住想给它打满分！

旅游行业：你的旅行灵感制造机

想去旅行但不知道去哪儿？DeepSeek 就是你的旅行灵感库！它不仅能根据你的兴趣推荐目的地，还能读懂你的心情。如果你说"最近好累，想放松一下"，DeepSeek 可能会推荐一个温泉度假村，或者一个宁静的海岛，让你彻底放松身心。它就像是一个懂你的旅行顾问，总能为你提供合适的建议。

招聘与人才管理：你的职场"读心术"大师

DeepSeek 可以通过分析面试者的语言和情绪，评估他们的抗压能力和团队合作精神，帮助企业找到最合适的人才。同时，它还能为员工提供情感支持，缓解他们的工作压力。比如，当你因为工作感到疲惫时，DeepSeek 会贴心地提醒你："休息一下吧，你已经做得很棒了！"这样的 AI，谁不想拥有呢？

娱乐与创意产业：你的灵感加油站

创作遇到瓶颈？DeepSeek 来拯救你！它能通过分析你的情绪状态，为你提供温暖的安慰和创作灵感。当你因为写不出东西而烦躁时，DeepSeek 会说："别急，灵感总会来的！试试听听音乐或者出去走走，说不定会有新想法哦！"它就像是一个永远不会疲倦的创作伙伴，时刻准备为你加油打气。

客户服务与企业文化：你的情感支持专家

在企业中，DeepSeek 也能大显身手。它通过情感识别技术，帮助企业更好地理解客户和员工的需求。当员工感到压力重重时，DeepSeek 会及时提供心理支持，帮助他们调整状态，提升工作效率。它不仅能优化客户体验，还能让工作氛围变得更加和谐。

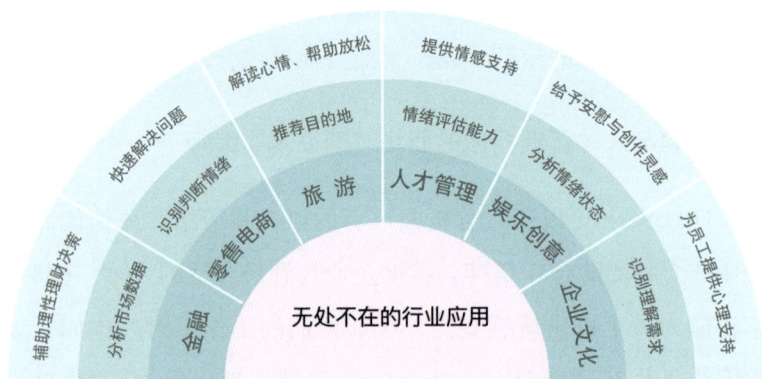

图 8.3　DeepSeek 涉及的行业应用

DeepSeek 简直是未来生活的超级助手。从金融到电商，从旅游到创意产业，DeepSeek 正在悄无声息地改变着我们的生活。它不仅是我们的 AI 助手，更是我们的朋友、顾问和灵感来源。无论是帮你理财、陪你购物，还是为你提供情感支持，DeepSeek 总是能以温暖、智能的方式，让你的生活变得更加便捷和美好。

结语：

成为智能时代的造浪者

亲爱的年轻探索者们：

　　读完这本书，对于 ChatGPT 与 DeepSeek 这两颗智能对话领域的耀眼明星，你们是否有了更深的了解？ChatGPT 的诞生迅速掀起了智能对话的热潮。它借助海量数据与先进算法，突破性整合自然语言处理技术；并且通过无监督学习，精准解析人类语言，实现流畅且符合人类思维的对话，革新了人机交流方式，为后续的技术发展树立了标杆，引发全球对人工智能应用的深度思考与探索。随后登场的 DeepSeek，不仅汲取了ChatGPT 的开发经验，还在多方面实现了重大突破。它创新设计模型架构，采用高效神经网络，大幅提升了运行和响应速度；同时强化情感语义理解，利用先进分析技术捕捉用户情绪，给予温情回应。在训练方式上，它结合强化学习与主动学习，让模型在交互中不断优化，提升知识储备与回答精准度。

　　从 ChatGPT 到 DeepSeek，实现了人工智能技术与理念的深度革新。在技术上，从基础自然语言处理跨越到深度情感交互，从单一算法走向多元架构融合；在理念上，从追求对话流畅性转变为追求语言深度、温度与个性化。这一演变彰显出智能对话技术的活力，为智能时代多元应用筑牢基础，预示着人类与机器将建立更紧密、更富有情感共鸣的沟通桥梁，在智能时代创造出更多可能性。

以 ChatGPT 和 DeepSeek 为代表的 AI 时代已经到来。翻到这一页，意味着你们已经完成了一次与未来世界的深度对话。在这个算法每秒都在进化、AI 模型每天迭代数代的时代，你们既是数字原住民，又是智能文明的架构师。

所有人正站在人类文明的特殊坐标上。

这是属于创造者的黄金时代。你们手中的智能手机，存储着超越文艺复兴时期全欧洲的知识量；你们用 AI 工具完成的科创方案，可能蕴含着改变社会的能量。

这是需要清醒头脑的试炼场。当 DeepSeek 仅用 3 分钟写出满分作文，你们要比 AI 更懂得如何让文字传递思想的温度；当 ChatGPT 可以生成逼真的虚拟世界，你们需要修炼识别真实与虚构的智慧。

在这片涌动着代码浪潮的新大陆，期待你们以三种姿态破浪前行：

做清醒的冲浪者

不必畏惧技术洪流，但要永远比 AI 多保持一分质疑。在享用智能推荐带来的便利时，要记得主动构建自己的知识图谱；当算法试图预测你们的喜好时，要有意识地培养自己跨领域的认知视野。

做热情的造船人

在编程社团用 DeepSeek 调试校园智能助教系统，在科学展览用 ChatGPT 构建气候变化对话模型，在文学社用 AI 工具创作属于 Z 世代的赛博朋克诗篇……每个微小但具体的实践，都是你们在塑造未来的样子。

做有温度的连接者

记住！再精妙的神经网络，也无法复制少年眼中闪烁的好奇光芒；再强大的语言模型，也难以替代朋友间击掌相庆的温暖瞬间。当你们在科技课上讨论算法伦理时，在社区服务中设计适老化 AI 交互方案时，就是在为技术文明注入最珍贵的人文基因。

这本书如同抛给你们的一把密钥，它不仅能够揭开智能对话技术的奥秘，更能解锁通往未来的入口。书中探讨的 ChatGPT 与 DeepSeek，不应只是你们手机里的 AI 移动应用，还可以成为：

▲ 解剖语言规律的数字化显微镜；

▲ 验证创新想法的虚拟实验室；

▲ 连接全球智慧的知识超导体。

当你们用 AI 工具重新定义作业的完成方式，用批判性思维审视每个 AI 生成的答案，甚至开始思考如何改进对话模型的偏见时，就是在参与书写智能文明的新篇章。

现在，是时候系紧你们的科技装备，以探险家的勇气和造浪者的智慧，向着未来进发了。在属于你们的未来里，最激动人心的发明或许就藏在你们此刻的灵光一闪中。它可能诞生在教室窗边的课桌上，也可能萌发于你们阅读这段文字时突然加快的心跳中。

愿你们永远保持对星辰与代码的双重向往，在比特与原子交织的世界里，走出人类智能最璀璨的轨迹。

本书的探秘之旅结束了，但你们的探索永不终章！